Татьяна Бондаренко
Светлана Билявская
Евгений Легач

Клеточная и органотипическая культуры щитовидной железы

Татьяна Бондаренко
Светлана Билявская
Евгений Легач

Клеточная и органотипическая культуры щитовидной железы

практическое руководство, экспериментальные исследования

LAP LAMBERT Academic Publishing

Impressum / **Выходные данные**

Bibliografische Information der Deutschen Nationalbibliothek: Die Deutsche Nationalbibliothek verzeichnet diese Publikation in der Deutschen Nationalbibliografie; detaillierte bibliografische Daten sind im Internet über http://dnb.d-nb.de abrufbar.

Alle in diesem Buch genannten Marken und Produktnamen unterliegen warenzeichen-, marken- oder patentrechtlichem Schutz bzw. sind Warenzeichen oder eingetragene Warenzeichen der jeweiligen Inhaber. Die Wiedergabe von Marken, Produktnamen, Gebrauchsnamen, Handelsnamen, Warenbezeichnungen u.s.w. in diesem Werk berechtigt auch ohne besondere Kennzeichnung nicht zu der Annahme, dass solche Namen im Sinne der Warenzeichen- und Markenschutzgesetzgebung als frei zu betrachten wären und daher von jedermann benutzt werden dürften.

Библиографическая информация, изданная Немецкой Национальной Библиотекой. Немецкая Национальная Библиотека включает данную публикацию в Немецкий Книжный Каталог; с подробными библиографическими данными можно ознакомиться в Интернете по адресу http://dnb.d-nb.de.

Любые названия марок и брендов, упомянутые в этой книге, принадлежат торговой марке, бренду или запатентованы и являются брендами соответствующих правообладателей. Использование названий брендов, названий товаров, торговых марок, описаний товаров, общих имён, и т.д. даже без точного упоминания в этой работе не является основанием того, что данные названия можно считать незарегистрированными под каким-либо брендом и не защищены законом о брендах и их можно использовать всем без ограничений.

Coverbild / Изображение на обложке предоставлено: www.ingimage.com

Verlag / Издатель:
LAP LAMBERT Academic Publishing
ist ein Imprint der / является торговой маркой
OmniScriptum GmbH & Co. KG
Heinrich-Böcking-Str. 6-8, 66121 Saarbrücken, Deutschland / Германия
Email / электронная почта: info@lap-publishing.com

Herstellung: siehe letzte Seite /
Напечатано: см. последнюю страницу
ISBN: 978-3-659-49860-2

ОГЛАВЛЕНИЕ

5

ПРОТОКОЛЫ ИССЛЕДОВАНИЙ

Протокол 2.1. Получение эксплантатов ткани из щитовидных желез поросят 1-2-суточного возраста.

Протокол 2.2. Получение общей суспензии клеток щитовидной железы (метод трехэтапной ферментативной дезагрегации).

Протокол 2.3. Получение фолликулярной и фолликулярно-клеточной фракций щитовидной железы.

Протокол 2.4. Культивирование фолликулярной и фолликулярно-клеточной фракции щитовидной железы.

Протокол 2.5. Определение концентрации клеток и их жизнеспособности в суспензии по включению трипанового синего.

Протокол 2.6. Определение фрагментации ДНК клеток в культуре при окрашивании Hoechst 33342.

Протокол 2.7. Определение ростовой активности культуры клеток щитовидной железы.

Протокол 2.8. Определение зон пролиферации в первичной культуре клеток щитовидной железы.

Протокол 2.9. Определение содержания тироксина с культуральной среде клеток щитовидной железы.

Протокол 2.10. Хроническая стимуляция клеток первичной культуры щитовидной железы тиротропином.

Протокол 2.11. Определение экспрессии β-III-тубулина в первичной культуре клеток щитовидной железы под влиянием NGF.

Протокол 2.12. Субкультивирование клеток щитовидной железы.

Протокол 2.13. Криоконсервирование первичной культуры щитовидной железы.

Протокол 2.14. Субкультивирование криоконсервированной культуры клеток щитовидной железы.

Протокол 3.1. Выделение эксплантатов неонатальной ткани щитовидной железы свиней.

Протокол 3.2. Органотипическое культивирование ткани щитовидных желез.

Протокол 3.3. Комбинированное культивирование фрагментов ткани щитовидной железы с эксплантатами надпочечников и/или гипофиза.

Протокол 3.4. Органотипическое культивирование фрагментов ткани щитовидных желез с модификаторами гормонопоэза.

Протокол 3.5. Определение жизнеспособности клеток органотипической культуры щитовидных желез.

Протокол 3.6. Измерение уровня тироксина в среде культивирования органотипических культур щитовидных желез.

Протокол 3.7. Криоконсервирование органотипической культуры щитовидной железы.

УСЛОВНЫЕ ОБОЗНАЧЕНИЯ

Дб-цАМФ	–	дибутирил-циклический аденозинмонофосфат
ДМСО	–	диметилсульфоксид
НЖ	–	надпочечниковые железы
ОКНЖ	–	органотипическая культура надпочечных желез
ОКЩЖ	–	органотипическая культура щитовидных желез
РИА	–	радиоиммунологический анализ
Т3	–	трийодтиронин
Т4	–	тироксин
ТГ	–	тиреоглобулин
ТПО	–	тиреоидная пероксидаза
ТРГ	–	тиротропин-рилизинг гормон
ТТГ	–	тиреотропный гормон
ФКФ	–	фолликулярно-клеточная фракция
ФФ	–	фолликулярная фракция
ЩЖ	–	щитовидная железа
NGF	–	фактор роста нервов
PI	–	йодистый пропидий.

ТЕРМИНОЛОГИЯ

Апоптоз. Клеточная гибель путем биологически контролируемых внутриклеточных процессов, основными признаками которой являются расщепление ДНК и фрагментация ядра.

Время удвоения популяции. Интервал времени, необходимый для увеличения количества клеток в популяции в два раза к середине логарифмической фазы роста.

Гистотипичная культура. Культура, имеющая морфологию ткани in vivo. Трехмерная культура воспроизводится путем восстановления диспергированной клеточной культуры в результате клеточной пролиферации с образованием многослойности или реагрегации тканеобразной структуры. Гистотипичные культуры можно наращивать.

Замораживание-отогрев. Стадия криоконсервирования, включающая инкубацию ткани с криопротектором, замораживание с последующим отогревом.

Клеточный домен. Ограниченная популяция клеток одной фенотипической принадлежности.

Клеточная концентрация. Количество клеток в 1 мл среды.

Конфлюэнтный монослой. Монослой клеток, в котором все клеточные колонии контактируют и при этом не остается свободного от клеток субстрата.

Кривая роста. Кривая зависимости количества клеток от времени роста культуры; обычно делится на lag-фазу (фаза до начала активного роста), логарифмическую фазу (период экспоненциального роста) и плато (постоянное количество клеток).

Криозащитная среда. Среда, в состав которой входят элементы, обладающие защитной функцией от действия низких температур.

Криоконсервирование. Биотехнологический процесс, включающий в себя насыщение биологического материала криопротектором, замораживание с определенной скоростью, низкотемпературное хранение и отогрев биологических образцов.

Криопротектор. Компонент криозащитной среды, используемый при замораживании клеток и позволяющий защитить биологический объект от таких факторов переохлаждения, как дегидратация, формирование кристаллов льда, регидратация и осмотический лизис клеток.

Культура тканей. Общепринятый термин, означающий культивирование эксплантата ткани, органотипическую культуру, культуру диссоциированных клеток, включая культуру поддерживаемых клеточных линий и клеточных штаммов.

Органотипическая культура (органная культура). Культура, представленная участком ткани, состоящим более чем из одного клеточного типа, имеющая идентичное строение с тканью in vivo.

Паренхима. Часть ткани, выполняющая основную функцию органа.

Пассаж. Перенос культуры клеток из одного культурального сосуда в другой в определенном соотношении.

Первичная культура. Культура, полученная из клеток, тканей или органов, взятых непосредственно из организма до первого субкультивирования.

Первичный эксплантат. Фрагмент ткани, выделенный из организма и помещенный в культуру таким образом, чтобы было обеспечено выселение клеток за пределы фрагмента.

Скорость замораживания. Снижение температуры (градусы в минуту) при охлаждении биологического материала.

Сохранность клеток. Соотношение концентрации клеток до воздействия экзогенного фактора по отношению к концентрации клеток после его воздействия. Показатель выражается в процентах.

Среда культуральная. Среда, которая используется при культивировании для поддержания деления клеток и их накопления.

Среда питательная. Смесь неорганических солей и других питательных соединений для поддержания выживания клеток in vitro в течение 24 часов.

Субкультивирование. *См. Пассаж.*

Субстрат (подложка для культивирования). Матрикс или плотная подложка, на котором растет культура.

Суспензия клеток. Клетки, утратившие клеточные контакты, находящиеся в жидкой среде.

Тироцит. Клетка фолликулярного эпителия щитовидной железы.

Фактор роста. Фактор, который вызывает пролиферацию клеток.

Фенотип. Совокупность всех экспрессированных свойств клетки, результат взаимодействия генотипа с регулирующими условиями окружающей среды.

Ферментативная дезагрегация. Разрушение межклеточных контактов под действием ферментов.

Фибробластоподобный. Напоминающая фибробласты веретенообразная (биполярная) или звездчатая (мультиполярная) клетка.

Фолликул щитовидной железы. Скруктурно-функциональная единица щитовидной железы, представленная группой эпителиальных клеток на базальной мембране, окружающих полость, заполненную коллоидом.

Фолликулярный эпителий. Клетки фолликула щитовидной железы, выполняющие основную функцию.

Цикл роста. Период роста культуры от момента субкультивирования до перехода в фазу стационарного роста.

Эксплантат/фрагмент ткани. Фрагмент ткани определенного размера, выделенный из организма, помещенный в культуру или подвергающийся дальнейшей обработке с целью получения клеточной суспензии.

Эпителиоподобные или эпителиоидные клетки. Клетки, полученные из эпителия, но термин часто используется для описания любых клеток многоугольной формы, растущих с четкой границей между колониями.

Эффективность культивирования. Процент посеянных клеток, которые дают начало колониям.

ПРЕДИСЛОВИЕ

В данной работе авторами изложены результаты собственных исследований по культивированию ткани щитовидной железы с изучением влияния на функцию и морфологию тироцитов таких процессов, как культивирование, субкультивирование, криоконсервирование, а также влияния гормонов гипофиза, надпочечниковых желез, некоторых факторов роста. Предоставлены подробные протоколы экспериментов получения и культивирования органотипических, первичных клеточных культур, культур 1-5 пассажей, описана техника замораживания-отогрева с получением высокого уровня жизнеспособности клеток.

Описан способ получения первичных культур щитовидных желез из фолликулярной и фолликулярно-клеточной фракций, отличающихся друг от друга морфологией и клеточным составом. Проведена комплексная оценка пролиферативной и гормональной активности первичной культуры клеток, полученной из неонатальной щитовидной железы свиней. Изучены базальная и стимулированная секреция тироксина, а также морфологические особенности культуры в зависимости от исходного состояния материала, помещаемого в условия культивирования – либо в виде одиночных клеток, либо фолликулярных конгломератов. Для стимуляции секреции тироксина в среду культивирования вводили тиреотропнй гомон (ТТГ). В первичной культуре клеток щитовидной железы наблюдали спонтанный и стимулированный ТТГ фолликулогенез и формирование куполообразных структур. Показана способность клеток экспрессировать β-III-тубулин при длительном культивировании в присутствии фактора NGF.

Исследовано влияние криоконсервирования со скоростью охлаждения 1 градус/мин с применением криозащитных сред на основе раствора диметилсульфоксида (ДМСО) на показатели сохранности и жизнеспособности первичной культуры тироцитов неонатальных щитовидных желез свиней. Определены оптимальные концентрации ДМСО для криоконсервирования клеток и фолликулов щитовидной железы.

Получены данные о стимулирующем влиянии глюкокортикоидных гормонов на секрецию тироксина органотипическими культурами. Усовершенствована методика органотипического культивирования щитовидных желез. Разработан метод комбинированного органотипического культивирования тканей ЩЖ и надпочечников, установлен положительный эффект последнего на морфофункциональные характеристики ОКЩЖ in vitro. Подобраны комбинации эндокринных тканей, при совместном культивировании которых наблюдалось максимальное увеличение уровня тироксина в инкубационной среде. Предложены способы криоконсервирования органотипических культур щитовидной железы.

Авторы выражают сердечную благодарность за помощь в проведении исследований сотрудникам института проблем криобиологии и криомедицины Национальной академии наук Украины: доктору биологических наук Божок Г. А., кандидату биологических наук Гуриной Т. М., кандидату биологических наук Губиной Н. Ф.

Глава 1

ВВЕДЕНИЕ

Щитовидная железа (ЩЖ) расположена в передней области шеи на уровне гортани и верхнего отдела трахеи и представлена правой, левой долями и перешейком. Орган состоит из фолликулов, заполненных коллоидом, представленным тиреоглобулином (ТГ), РНК и ДНК. В состав молекулы ТГ входят моно-, дийодтирозины, йодтиронины (моно, ди-, трийодтрийодтиронин и тироксин) и почти все аминокислоты, содержащиеся в организме. Ткань ЩЖ представлена гетерогенной популяции клеток, имеющих разных предшественников. Тироциты представляют собой эпителиальные клетки, функция которых заключается в биосинтезе и секреции тироксина, занимают основную массу тиреоидной ткани. Парафолликулярные С-клетки (кальцитонин-продуцирующие клетки) представляют 0,1% от всех клеток щитовидной железы и являются производными нервного гребня. Есть данные, что в неонатальной ткани ЩЖ их в 10 раз больше чем в зрелой. Оксифильные клетки или клетки Ашкенази-Гюртле отличаются от фолликулярного эпителия большей величиной, эозинофильной грануливанной цитоплазмой, данные клетки секретируют биогенные амины, в т.ч. серотонин (Тронько Н. Д., 1997). ЩЖ обильно васкуляризирована и имеет большое количество соединительно-тканных элементов.

Культивирование клеток представляет собой процесс искусственного выращивания отдельных прокариот и эукариот в контролируемых условиях in vitro.

Предположение о возможности выделения клеток из организма и помещения в условия их роста и воспроизведения возникло в первом десятилетии XX века (Harrison, 1907). Показана возможность культивирования клеток из первичного эксплантата тканей (Fischer, 1925; Parker, 1961). Дезагрегация клеток эксплантата с последующим выращиванием была проведена Роусом (Rous and

Jones, 1916). Штам L929 – был первым клонированным клеточным штаммом, выделенным из мышиных клеток методом капиллярного клонирования (Sanford et al., 1948). В 1950-х годах Дюльбекко (Dulbecco,1952) описал метод получения монослойных культур с использованием трипсина, который стал затем широко применяться в практике культивирования. Первая постоянно пересеваемая клеточная линия человеческого происхождения HeLa была получена Геем (Gey at al.,1952).

На сегодняшний день список клеток, введённых в культуру велик. Это – фибробласты, остеоциты, хондроциты, миоциты, кардиомиоциты, эпителиальные ткани (печень, легкие, почки и др.), клетки нервной системы, эндокринные клетки (надпочечники, гипофиз, клетки островков Лангерганса, щитовидной железы), меланоциты, опухолевые, стволовые клетки, а также множество клеточных линий. Активно изучаются вопросы клонирования, генетической трансформации, дифференцировки, трансдифференцировки в клеточных культурах. Перспективные возможности имплантации клеток при различных патологиях привели к созданию такого направления, как тканевая инженерия (Atala A., 2002). Тканевая инженерия также включает в себя и выращивание тканевых эквивалентов. Органотипическая культура характеризуется сохранением межклеточных взаимодействий и может в течение определенного периода поддерживать процессы дифференцировки с сохранением функции в деваскуляризированном состоянии. В тексте этой книги термин органотипическая культура подразумевает трехмерную культуру недезагрегированной ткани, сохраняющую все гистологические ее особенности в организме. Термин «культура ткани щитовидной железы» имеет более обобщенный характер и включает в себя процессы гистотипического, органотипического или клеточного культивирования. Особенности органотипического культивирования подробно описаны в работе (Гаврилюк Б. К., 1983). Первые исследования по культивированию фрагментов ткани печени, почек, щитовидной железы и яичников кролика были проведены в 1897 году немецким ученым B.Loeb. Для предотвращения центральных некрозов в эксплантах ткани, необходимо тщательно подбирать условия культивирования, таких как газовый состав, питательные вещества, субстрат и т.д. Было показано, что большинство органов или их фрагментов, за исключением кожи, растут на твердом субстрате лучше, чем в жидкой среде. В течение 50 лет после первой попытки культивирования части органа, поддержание в условиях in vitro фрагментов органов, в т.ч. эндокринных являлось доминирующим способом культивирования, поскольку органотипические культуры удобны для изучения процессов функции органа, в частности - синтеза и секреции гормонов и влияния на эти процессы ряда биологических факторов (Bals R. et al. , 1998). Экспланты ткани достаточно просты в получении и поддержании в культуре и широко применяются в качестве источника монослойных клеточных культур или для замещения утраченной функции органа in vivo.

Изучению морфологических и функциональных особенностей органотипических культур щитовидных желез млекопитающих и человека посвящено много работ. Активное применение такого метода культивирования ткани ЩЖ приходится на конец XX – начало XXI века. Экспериментально было показано, что органотипические культуры щитовидной железы (ОКЩЖ) могут использоваться для коррекции гипотиреоидных состояний (Raaf J. H. et al., 1976). Исследователей привлекала возможность сохранения в 3D-структуре различных типов клеток и поддержания процессов дифференцировки в фолликулах, а следовательно, выполнения ими своих функции. Подбирались условия культивирования ткани ЩЖ разных видов животных: изучались вопросы влияния газового состава, питательных сред, подложки культивирования и др. факторов (Bussolati et al., 1969; Cau et al., 1976; Young and Baker, 1982). Ученые из Японии подробно изучили биологические особенности щитовидной железы на моделях органных (Toda et al., 2002; Toda et al., 2003) и клеточных культур (Toda S. et al., 2011).

В 1986 г. были получены культуры ткани ЩЖ плода человека, названные авторами флотирующими для трансплантации пациентам с гипотиреозом (Блюмкин В. Н. и др., 1986). Украинскими учеными широко исследовалась морфология и функциональная активность органных культур новорожденных поросят (Пастер I. П., 1998) и крыс (Чалисова Н. И. и др., 2000).

С конца 80-х годов, с последующим активным развитием в 90-х и начале 2000-х годов проводились исследования по трансплантации тиреоидной паренхимы в виде культивированных или нативных фрагментов ЩЖ человека, крыс, новорожденных поросят, кролей при экспериментальном и клиническом гипотириозе (Мирский М. Б., 1984; Скалецкий Н. Н. и др., 1990; Дроздович И. И. и др., 1998; Тронько М. Д. и др., 2000; Горанов В. А. и др., 2004; Третьяк С. И. и др., 2005).

Все больше внимания уделяется культивированию дезагрегированных клеток ЩЖ. Ряд работ посвящено культивированию клеток, полученных из взрослой и эмбриональной ткани щитовидной железы млекопитающих (Coclet et al., 1989; Toda et al., 1992; Kerkof et al., 1964; Remy et al., 1983; Yap et al., 1995; Roger et al., 1997; Huber, Davies, 1990) и человека (Хоруженко, 2002; Lan et al., 2007; Fierabracci et al., 2008).

В работе (Шостак И. Н. и др., 1992) описан способ культивирования тироцитов новорожденных поросят с целью определения возможности их применения для компенсации гипофункции ЩЖ. Метод заключается в получении клеток ЩЖ из эксплантатов органа путем ферментативной дезагрегации. Недостатком этого способа является значительное снижение (на 86,1%) содержания тироксина в среде культивирования со 2-х по 5-е сутки.

На базе института проблем криобиологии и криомедицины НАН Украины (г. Харьков) со времени его основания проводилось изучение структуры и функции ткани щитовидной железы в условиях криоконсервирования, рекультивирования и трансплантации гипотиреоидным крысам и собакам (Пушкарь Н. С. и др., 1981).

Долгое время велась работа по органотипическому культивированию неонатальной ткани щитовидных желез свиней, их криоконсервированию и трансплантации животным с экспериментальным гипотиреозом (Бондаренко Т. П. та ін., пат. № 9367 Україна). Опубликовано ряд работ по изучению влияния модификаторов гормонопэза, в.т.ч. глюкокортикоидов на тиреоидную секрецию органотипических культур щитовидных желез новорожденных поросят in vitro (Билявская С. Б. и др., 2005) и в условиях трансплантации гипотиреоидным крысам (Легач Є. І. та ін., 2007). Изучены эффекты комбинированного культивирования и ауто-, алло- и ксенотрансплантации органотипических культур щитовидных желез новорожденных поросят и крыс с эксплантатами надпочечниковых желез (НЖ) и гипофиза (Bilyavskaya S. B. et al., 2007; Білявська С. Б. та ін., пат. № 46440, Україна, 2009).

Клетки неонатальной ткани щитовидной железы являются удобной моделью изучения эндокринной функции, благодаря высокой пролиферативной активности, чувствительности к действию ряда стимуляторов, способности к трехмерной организации на любом субстрате, и, поэтому послужили объектом исследований, результаты которых приведены в данном издании. Получены данные о влиянии ростовых факторов на морфологию и пролиферацию клеток в культуре неонатальных щитовидных желез свиней (Билявская С. Б. и др., 2008) и детально описаны особенности тироцитов в условиях культивирования (Билявская С. Б. и др., 2013).

Проблема хранения эндокринных тканей представляет собой сложный вопрос в научном и техническом отношении, решение которого базируется на методах криоконсервирования. В 70-80-х годах было проведено исследование процессов, протекающих в ткани щитовидных желез млекопитающих после криоконсервирования (Грищенко В. И. и др., 1993). Далее, подбирались криозащитные среды и разрабатывались режимы криоконсервирования органотипических (Луговой С. В. и др., 2003; Волкова Н. А. и др., 2003; Легач Е. И. и др., 2007) и клеточных культур неонатальных щитовидных желез свиней (Билявская С. Б. и др., 2010).

Глава 2

КУЛЬТИВИРОВАНИЕ КЛЕТОК НЕОНАТАЛЬНОЙ ЩИТОВИДНОЙ ЖЕЛЕЗЫ СВИНЕЙ

Первичная культура тироцитов является одной из наиболее простых клеточных систем, на которой успешно изучаются морфология клетки, а также молекулярные и клеточные механизмы фолликулогенеза. Тиреоидный эпителий в первичной культуре имеет способность к организации специфической трехмерной фолликулярной структуры.

Первичная культура клеток щитовидной железы получают от человека (Coclet et al., 1989; Toda et al., 1992) и многих видов животных (Kerkof et al., 1964; Remy et al., 1983; Yap et al., 1995; Roger et al., 1997), в том числе из эмбриональных желез (Huber, Davies, 1990) и опухолей (Хоруженко, 2002; Lan et al., 2007; Fierabracci et al., 2008). Однако почти не встречается работ, посвященных изучению пролиферативной и гормональной активности клеток неонатальной ЩЖ млекопитающих.

Известно, что ЩЖ во взрослом состоянии имеет низкую скорость обновления клеток – приблизительно 5 делений в течение жизни (Coclet et al., 1989). После рождения масса железы увеличивается параллельно с массой тела, а затем остается стабильной на протяжении всей взрослой жизни (Dumont et al., 1992). Таким образом, надо полагать, что процесс активной пролиферации клеток присущ железе в период раннего постнатального развития.

Увеличение клеточной массы ЩЖ возможно как за счет деления дифференцированных тироцитов (Ramelli et al., 1982; Coclet et al., 1989), так и стволовых (прогениторных) клеток, локализованных в органе (Hoshi et al., 2007; Fierabracci, 2012) или поступающих из костного мозга (Mikhailov et al., 2012).

Первичная культура клеток ЩЖ, полученная путем трипсинизации, при поддержании в обычных условиях культивирования представляет собой монослой. Однако функциональной единицей ЩЖ является трехмерно-организованный фолликул. Важность поддержания in vitro фолликулярной организации, при которой сохраняется апикально-базальная полярность тиреоидного эпителия, подчеркивали разные авторы (Kogai et al., 2000; Хоруженко, 2002; Bernier-Valentin et al., 2006), другие авторы не обнаруживали подобной необходимости сохранения фолликулярной структуры культивируемого материала (Roger et al., 1997).

Для изучения поведения клеток млекопитающих in vitro и in vivo, наряду с эмбриональными тканями и тканями взрослого организма, особое место занимает неонатальная ткань, которая является активно пролиферирующей клеточной системой и имеет популяции стволовых (прогениторных) клеток. Для создания условий, способствующих поддержанию эндокринных клеток in vitro, принято считать наиболее удачными 3D-модели, отражающие природную структурно-функциональную организацию желез. Преимущество культивирования ЩЖ в виде фолликуллов по сравнению с монослойнойной системой было показано во многих работах. При получении культур из нормальной ткани железы человека или узлового зоба наличие тироглобулина было установлено лишь в условиях индукции фолликулярной организации клеток (Хоруженко, 2002). В одной из работ (Kogai et al., 2000) наблюдали значительное уменьшение захвата йодида клетками ЩЖ человека, культивируемыми в виде монослоя. Это вероятнее всего связано с уменьшением экспрессии Na+/I-симпортера, которое показано в другой работе (Bernier-Valentin et al., 2006) при сравнительном анализе особенностей ПК фолликулярной или монослойной организации из ЩЖ свиньи.

Основываясь на предпосылке, что пролиферативный и гормональный потенциал клеток ЩЖ зависит от исходного состояния культивируемого материала, нами предпринята попытка получить фолликулы, не разрушая их целостность и сохраняя их конгломераты при определенных условиях ферментации ткани. Для сравнения использовали материал, полученный при обычных условиях и состоящий из мелких фолликулов и одиночных клеток.

Накопленный в литературе экспериментальный материал по криоконсервированию тиреоидной ткани не включает подробной информации о влиянии замораживания на рост и функциональную активность первичных культур щитовидной железы. Поэтому, авторами было проведено изучение сохранности, жизнеспособности, морфологических особенностей первичной культуры клеток щитовидной железы новорожденных поросят после криоконсервирования со скоростью охлаждения 1 градус/мин в присутствии различных концентраций ДМСО в условиях дальнейшего субкультивирования.

В данной главе представлены протоколы выделения клеток из щитовидной железы новорожденных поросят, их культивирования, субкультивирования и криконсервирования, базирующиеся на результатах собственных исследований.

Методики разработаны с целью получения жизнеспособных гормонально-активных культур, состоящих преимущественно из клеток фолликулярного эпителия. Первичные культуры клеток эндокринных желез являются общепринятым объектом для изучения основных проблем клеточной биологии, в том числе ростовой активности, организации цитоскелета и органелл, особенностей регуляции синтеза и секреции гормонов.

2.1. ПЕРВИЧНАЯ КУЛЬТУРА

Первичной монослойной культурой можно называть совокупность клеток, образующихся в процессе деления и миграции их из источника. Источником первичной культуры могут быть как клетки, так и структурно-функцинальные единицы или фрагменты ткани.

На данный момент существует три основных способа получения первичной культуры животных клеток – это механический метод, заключающийся в механическом размягчении ткани, метод ферментации и метод выселения клеток из первичных эксплантатов ткани.

Обозначим следующие этапы получения первичной культуры щитовидной железы: 1) выделение органа; 2) препарирование на фрагменты ткани; 3) трехэтапная ферментативная дезагрегация; 4) посев клеток в культуральный сосуд.

Предпочтительно использовать селективные условия при получении культуры, к которым относится и метод физического разделения клеток. Мы описываем многоэтапный способ получения первичной культуры щитовидной железы ферментативным методом с дополнительной фильтрацией, при котором можно получить два вида суспензии, отличающихся по клеточному составу. Методика разделения основана на различиях в размерах клеток и фолликулов щитовидной железы. Достоинство метода заключается в том, что он дает быстрое разделение по сравнению с клонированием, хотя и с меньшей степенью гомогенности.

2.1.1. Получение эксплантатов ткани

Протокол 2.1. Получение эксплантатов ткани из щитовидных желез поросят 1-2-суточного возраста.

Все манипуляции проводятся с соблюдением правил асептики и антисептики в стерильных помещениях (операционных или боксах) с использованием стерильных расходных материалов.

Материалы: хирургический инструментарий (остроконечные ножницы и пинцеты), антисептический раствор для обработки кожи животного, стерильные флаконы, охлажденный стерильный раствор питательной среды 199 или DMEM/Ham's F12, содержащей 100 Ед/мл пенициллина и 100 мкг/мл стрептомицина (среда для получения культуры).

1. В промаркированные флаконы внести по 4 мл среды для получения культуры. Флаконы закрыть стерильной пробкой, поместить на лед.

2. После эвтаназии под эфирным наркозом животных помыть под проточной водой. Кожу в месте проекции органа обработать трехкратным протиранием 5% спиртовым раствором ром йода, затем – 96% этиловым спиртом.

3. Сделать разрез кожи и фасций шеи в области 7-8 кольца трахеи. Извлечь орган, быстро перенести во флакон со средой.

4. Из флакона удалить половинный объем среды. Измельчить орган на фрагменты размером 1 мм^3.

5. Отмыть фрагменты путем трехкратного удаления и добавления среды для получения культуры. Следить за тем, чтобы флаконы с органами были охлажденными.

2.1.2. Ферментативная дезагрегация

Протокол 2.2. Получение общей суспензии клеток щитовидной железы (метод трехэтапной ферментативной дезагрегации).

Все манипуляции проводятся с соблюдением правил асептики и антисептики в стерильных помещениях (боксах) с использованием стерильных расходных материалов.

Материалы: фрагменты ткани во флаконах, фильтрованные ферментативный раствор (1 мкг/мл коллагеназы типа I А и 0,1 мкг/мл дезоксирибонуклеазы) с температурой 37 °C и охлажденная питательная среда 199 или DMEM/Ham's F12, содержащая 100 Ед/мл пенициллина и 100 мкг/мл стрептомицина и 0,2% бычьего сывороточного альбумина (отмывочный раствор), три центрифужные пробирки с 0,5 мл ФТС, стерильные расходные материалы (пипетки объемом 1-1,5 мл, центрифужные пробирки, флаконы, объемом 50 мл, чашки Пэтри), мембраные фильтры с диаметром пор 120 мкм, шейкер с водяной баней.

1. Из флакона с фрагментами щитовидной железы полностью удалить раствор и внести ферментативный из расчета 0,5 мл раствора на 1 измельченный орган.

2. Поместить флакон на шейкер, с установленной невысокой амплитудой колебаний и температурой 37 °C, на 30 минут.

3. Коллагенизат аккуратно собрать в пробирку с сывороткой, не затрагивая ткань, поместить на лед. К фрагментам добавить такой же объем ферментативного раствора, поместить на шейкер на 10 минут.

4. Повторить п.3.

5. После 3-го этапа коллагенизации, путем пипетирования гомогенизировать оставшиеся фрагменты, перенести в пробирку с сывороткой.

6. Объединить коллагенизаты, довести объем до 12 мл отмывочным раствором и центрифугировать 1 минуту при 3000 об./мин.

7. Удалить надосадок, клетки ресуспердировать легким пипетированием. Добавить 12 мл отмывочного раствора, центрифугировать 3 минуты при 1500 об./мин.

8. Удалить надосадок, суспензию клеток провести через мембранный фильтр с диаметром отверстий 120 мкм.

9. Центрифугировать 3 минуты при 1500 об./мин.

10. Удалить надосадок, ресуспендировать, довести объем до 1 мл отмывочной средой. Поместить на лед.

Протокол 2.3. Получение фолликулярной и фолликулярно-клеточной фракций щитовидной железы.

Все манипуляции проводятся с соблюдением правил асептики и антисептики в стерильных помещениях (боксах) с использованием стерильных расходных материалов.

Материалы: фрагменты ткани или общая суспензия клеток, полученная по протоколу 2.2, фильтрованные ферментативный раствор (1 мкг/мл коллагеназы типа I А и 0,1 мкг/мл дезоксирибонуклеазы) с температурой 37 °C и охлажденная питательная среда 199 или DMEM/Ham's F12, содержащая 100 Ед/мл пенициллина и 100 мкг/мл стрептомицина и 0,2% бычьего сывороточного альбумина (отмывочный раствор), три центрифужные пробирки с 0,5 мл ФТС, стерильные расходные материалы (пипетки объемом 1-1,5 мл, центрифужные пробирки, флаконы, объемом 50 мл, чашки Пэтри), мембраные фильтры с диаметром отверстий 120 и 30 мкм, шейкер с водяной баней.

1. Получить общую суспензию клеток щитовидной железы (протокол 2.2).

2. Суспензию фракционировать путем фильтрации через фильтры (Consalt T.S., Италия) с диаметром пор 30 мкм.

3. Перевернуть фильтр и смыть с него в пробирку непрошедшую через поры часть клеточной суспензии.

4. Обе фракции центрифугировать 3 минуты при 1000 об/мин.

5. Удалить надосадки, ресуспендировать. Пробирки поместить на лед.

Описанным способом можно получить фолликулярную фракцию, содержащую только фолликулы и их конгломераты диаметром от 30 до 120 мкм *(рис. 2.1, а)*, и фолликулярно-клеточную фракцию, содержащую одиночные клетки (представленные несколькими популяциями: тироцитами, эритроцитами, клетками стромы и эндотелия) и микрофолликулы с диаметром < 30 мкм *(рис. 2.1, б)*.

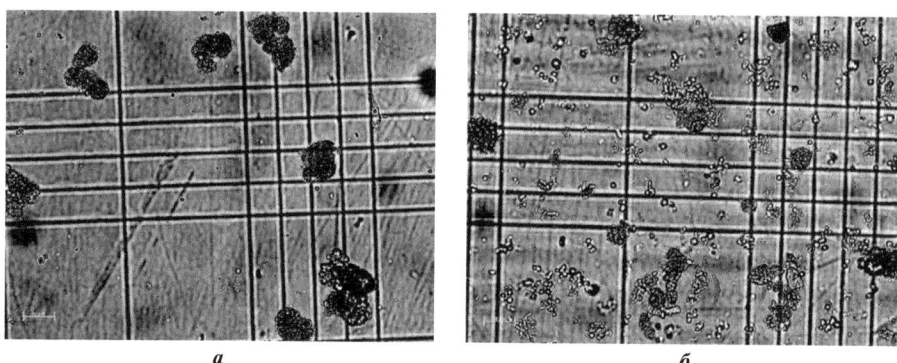

а *б*

Рис. 2.1. Клеточный состав первичной культуры клеток неонатальной щитовидной железы свиней: *а* – фолликулярная фракция, *б* – фолликулярно-клеточная фракция. Фазово-контрастная микроскопия. Масштабные отрезки: 50 мкм

2.1.3. Культивирование

Стандартизация условий культивирования – существенный фактор получения фенотипической стабильности клеток.

Важно подобрать тип питательной среды и сыворотки, желательно одной фирмы-производителя, адоптировать и стандартизировать формулу культуральной среды. Наилучшим методом элиминации различий, связанных с сывороткой, является использование бессывороточных сред. Если необходима сыворотка, то она выбирается одной партии и используется на протяжении всего срока культивирования, в т.ч. и для криоконсервирования. Культуральные сосуды также подбираются, исходя из потребностей культуры. Культуральные флаконы, планшеты и чашки Петри необходимо использовать одного вида и от одного поставщика.

Для клеток щитовидной железы важно сохранить в культуре их полярность, что показано в исследовании (Chambard et al., 1983) при помощи комплекта фильтрующих ячеек. В данном случае нижняя (базальная) поверхность образует рецепторы для тиреотропного гормона и секретирует трийодтиронин, а верхний (апикальный) конец высвобождает тиреоглобулин.

В наших экспериментах при культивировании в пластиковых флаконах и планшетах (PAA, Starstet) в культуах щитовидной железы новорожденных поросят к 6 суткам формировался конфлюэнтный монослой и трехмерные фолликулярные структуры.

Протокол 2.4. Культивирование фолликулярной и фолликулярно-клеточной фракции щитовидной железы.

Все манипуляции проводятся с соблюдением правил асептики и антисептики в стерильных помещениях (боксах) с использованием стерильных расходных материалов.

Материалы: питательная среда DMEM/Ham's F12, обогащенная 10 % эмбриональной сыворотки и содержащая 100 Ед/мл пенициллина, 100 мкг/мл стрептомицина и 5 мкг/мл амфотерицина В (культуральная среда). Стерильные расходные материалы (флаконы с культуральной поверхностью 25 см², планшеты 24 V или чашки Петри диаметром 5-6 см, стерильные пипетки объемом 1-1,5 мл, автоматический дозатор на 100-1000 мкл, стерильные пробирки), гемоцитометр (камера Горяева), светооптический микроскоп, CO_2-инкубатор.

1. Подсчитать концентрацию клеток (протокол 2.5).

2. Фолликулярную фракцию в плотности 0,3-1×10⁵ фолликулов на 1 см², фолликулярно-клеточную фракцию или общую суспензию клеток в плотности 0,5-1×10⁶ фолликулов и клеток на 1 см², разведенные в культуральной среде, распределить по культуральным сосудам.

3. Поместить в инкубатор при заданных настройках: концентрация CO_2 – 5%, температура – 37 °С.

4. Полную замену культуральной среды на аналогичную среду осуществлять каждые 3 суток.

2.1.4. Оценка монослойной первичной культуры

Для того, чтобы оценить качество полученной культуры было проведено ряд исследований, направленных на определение жизнеспособности клеток, изучение морфологии, цикла роста и гормональной активности культуры.

Приведем некоторые основные требования к характеристике клеточной культуры:

1) отсутствие перекрестной контаминации;

2) подтверждение специфичности происхождения;

3) подтверждение жизнеспособности и ростовой активности клеток.

2.1.4.1. Жизнеспособность клеток

Когда прикрепленную первичную культуру получают из суспензии диссоциированных клеток, нежизнеспособные клетки удаляются при первой смене среды. Однако, для определения адекватности метода получения необходим контроль жизнеспособности до помещения клеток в культуру.

Окрашивание трипановым синим является классическим экспресс-методом оценки жизнеспособности клеток. Краситель проникает в клетку с дефектами мембраны и окрашивает ее. В описанных нами экспериментах жизнеспособность клеток первичных культур щитовидных желез достигает 96%.

Для оценки жизнеспособности уже прикрепленных клеток используется флуоресцентный ДНК-зонд Hoechst 33342. Комплекс Hoechst 33342 с ДНК применяется для количественного измерения ДНК и качественного анализа ядер клеток (Сибирцев, 2007). Известно, что характерными признаками апоптоза являются утрата межклеточных контактов, блеббинг, дегидратационное сжатие клеток, разрушение цитоскелета, фрагментация ядер, конденсация хроматина, деградация ДНК (Широкова, 2007). Одним из показателей апоптоза в культуре является окрашивание клеточных ядер Hoechst 33342 (Hawley, Hawley, 2004).

Жизнеспособность еще можно оценить по морфологическим изменениям клеток, таким как грануляция и вакуолизация. Утрата двойного лучепреломления характеризует нежелательные изменения в росте монослойной культуры и обычно связана с последующей потерей жизнеспособности. Жизнеспособность первичных культур, как правило, составляет 50-90%, клеточных линий – 90-100%, клеток после замораживания-отогрева – 50-80%.

Протокол 2.5. Определение концентрации клеток и их жизнеспособности в суспензии по включению трипанового синего.

Материалы: опытные образцы клеток, 0,4% раствор трипанового синего, автоматические дозаторы, гамера Горяева, микроскоп, микропробирки.

1. К суспензии клеток в микропробирке добавить раствор трипанового синего в соотношении 1:1. Ресуспендировать мягким пипетировнием.

2. Внести в притертую камеру Горяева окрашенную суспензию.

3. Подсчитать в 5-ти больших квадратах по диагонали количество окрасившихся (мертвые клетки), не окрасившихся клеток (живые клетки) и их сумму (общее количество клеток).

4. Найти концентрацию клеток (С) по формуле:

$C \times 10^6 = \sum общ \times 2 \times 100 : (n \times 4)$,

где $\sum общ$ – общее количество клеток в 5 больших квадратах, 2 – разведение красителя, n – количество квадратов.

5. Рассчитать процент жизнеспособных клеток по формуле:

ЖК (%) = $\sum неокр \times 100 : \sum общ$,

где $\sum неокр$ – количество живых (неокрашенных) клеток, $\sum общ$ – общее количество клеток в 5 полях зрения.

При использовании разработанного нами способа получения первичной культуры клеток щитовидной железы (протоколы 2.1-2.4) удалось достичь высокого уровня жизнеспособности по методу включения трипанового синего. Для первичной культуры клеток щитовидной железы, полученной из фолликулярной фракции жизнеспособность составляет 95,8 % и 86,4 % – для культуры, полученной из фолликулярно-клеточной фракции.

Протокол 2.6. Определение фрагментации ДНК клеток в культуре при окрашивании Hoechst 33342.

Материалы: культура клеток, раствор питательной среды с концентрацией красителя 5 мкг/мл, автоматический дозатор, питательная среда DMEM/Ham's F12, термостат, флуоресцентный микроскоп.

1. После удаления культуральной среды, к клеткам внести раствор красителя (на культуральный флакон площадью 25 см^2 – 3-4 мл раствора).

2. Инкубировать 90 мин при 37 °C.

3. Перед микроскопией раствор, содержащий краситель заменить на питательную среду в объеме 4 мл.

4. Микроскопировать на длине волны возбуждения 350 нм и эмиссии – 455 нм.

5. Определить процент ядер с признаком фрагментациии ДНК на 100 клеток, провести статистический анализ.

При применении метода на клетках первичной культуры щитовидной железы в основном наблюдаются округлые крупные ядра с интенсивной флуоресценцией *(рис. 2.2)*. На 6 сутки в культуре наблюдается незначительная фрагментация ДНК, составляющая 0,1-0,5% (Bilyavskaya S. B. et al., 2013).

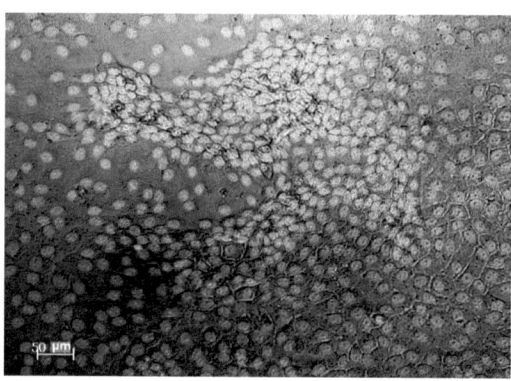

Рис. 2.2. Визуализация ядер и деления клеток в первичной культуре щитовидной железы с помощью красителя Hoechst 33342. Флуоресцентная микроскопия: округлые крупные ядра с интенсивной флуоресценцией без признаков апоптоза. Масштабный отрезок: 50 мкм.

2.1.4.2. Цикл роста и пролиферация

Измерение скорости клеточной пролиферации используется для оценки функциональности культуры и для определения реакции клеток на эндо- и экзогенные факторы (стимулы, токсины). Анализ кривой роста особенно важен при поддержании культуры, поскольку он является решающим элементом для мониторинга постоянства культуры и позволяет определить наилучшее время для субкультивирования, оптимальное разведение, и оценить эффективность посева при различной клеточной плотности. Применяется и для подбора условий культивирования (тестирования питательных сред, сыворотки, подложки для культивирования и т.д.).

Клетки развиваются по определенной схеме, проходя через этапы lag-фазы, экспоненциальной или log-фазы и стационарной или фазы плато.

1) Lag-фаза (латентная фаза) – это промежуток времени после субкультивирования или первого посева, в ходе которого число клеток не увеличивается, в клетках происходит замена элементов клеточной поверхности и внеклеточного

матрикса, утраченных при ферментации, прикрепление к субстрату и распластывание. При распластывании клетки на поверхности культивирования происходит восстановление цитоскелета как интегральной части процесса адгезии. Возрастает активность ферментов, таких как ДНК-полимераза, затем начинается синтез новой ДНК и структурных белков.

2) Log-фаза (фаза логарифмического роста) – период экспоненциального нарастания количества клеток по окончанию латентной фазы. Завершается одним или двумя удвоениями популяции клеток после достижения стадии конфлюентного монослоя. Продолжительность фазы логарифмического роста зависит от посевной концентрации и скорости роста клеток. В log-фазе фракция делящихся клеток высока (обычно 90-100%), и культура находится в своем наиболее репродуктивном состоянии. Это оптимальное время для пересева культуры, поскольку популяция наиболее однородна и жизнеспособность наивысшая.

3) Фаза плато (стационарная фаза). Ближе к завершению логарифмической фазы культура становится конфлюэнтной, т. е. вся поверхность оказывается занятой клетками, которые контактируют друг с другом. После этого скорость роста культуры снижается, и в некоторых случаях клеточное деление полностью прекращается после одного или двух последующих удвоений популяции.

Схема развития клеточных культур подробно описана в практическом руководстве (Freshney R. I., 2010).

Для оценки эффективности культивирования кроме построения кривой роста культуры используется такой показатель, как колониеобразующая эффективность (КОЭ). Для его определения считают количество клеточных колоний (за которые берут обычно около 50 клеток) на всей поверхности культивирования (или в 10 полях зрения).

Эффективность культивирования (PE –plate efficiency) выражается по формуле: $PE = N_1/N_2 \times 100$, где N_1 – количество сформированных колоний; N_2 – количество посеянных клеток.

Зоны пролиферативной активности клеток хорошо визуализируются с помощью флуоресцентного красителя CFSE, который имеет свойство ковалентно связываться с внутриклеточными белками и распределяться при делении клеток. При этом снижается интенсивность флюоресценции дочерних клеток (Luzyanina et al., 2007; Yates et al., 2007).

Протокол 2.7. Определение ростовой активности культуры клеток щитовидной железы.

Все манипуляции проводятся с соблюдением правил асептики и антисептики в стерильных помещениях (боксах) с использованием стерильных растворов и расходных материалов.

Активность роста клеток оценивается путем их подсчета в камере Горяева на разных сроках культивирования.

Материалы: культура клеток, фильтрованный 0,5% раствор трипсина, нагретый до 37 °C, раствор Версена, питательная среда DMEM/Ham's F12, содержащая 5% ФТС (отмывочная среда), стерильный дозатор, центрифужные пробирки объемом 14 мл, пробирки на 50 мл для приготовления растворов, камера Горяева, светооптический микроскоп, термостат.

1. Из культурального сосуда с клетками удалить питательную среду, промыть отмывочной средой путем однократного добавления к клеткам и удаления 4-х мл среды.

2. Развести раствор трипсина с раствором Версена в соотношении 1:1. Внести 3 мл полученного раствора в культуральный флакон с клетками. Инкубировать 3 мин при 37 °C.

3. Удалить ферментативный раствор. Во флакон с клетками внести 4 мл отмывочного раствора и пипетировать до полного открепления монослоя и помутнения среды.

4. Снятые клетки перенести в центрифужные пробирки, поместить на холод.

5. Центрифугировать двукратно по 3 минуты при 1000 об/мин.

6. Удалить надосадок, клетки ресуспендировать.

7. Подсчитать концентрацию клеток (протокол 2.5)

Для исследования пролиферативной активности оценивали прирост клеток в культуре в течение 16 суток *(рис. 2.3)*.

Кривая роста культуры, полученной из фолликулярной фракции, характеризуется равномерным распределением клеток по клеточному циклу в геометрической прогрессии. Фаза экспоненциального роста начинается через 48 ч после пассажа и продолжается в течение 6 сутки с увеличением концентрации клеток в 4 раза через 2 сутки и последующим удвоением количества через 3 и 6 сутки культивирования. Фаза стационарного роста начинается на 5-6 сутки, клетки замедляют рост и приобретают терминальную плотность, когда монослой достигает 100%.

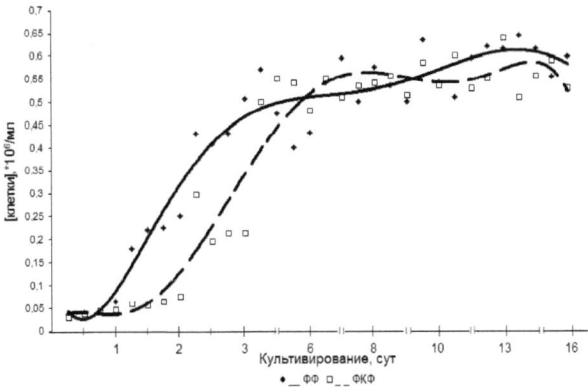

Рис. 2.3. Изменение пролиферативной активности клеток первичной культуры щитовидной железы, полученной из фолликулярной фракции (ФФ) – черные точки и фолликулярно-клеточной фракции (ФКФ) – белые точки в течение 16 суток культивирования. Точки – значения, полученные для каждого случая; линии – полиномиальная аппроксимация. Данные представлены в исследовании (Bilyavskaya S.B. et al., 2013).

Кривая роста клеток, полученных из фолликулярно-клеточной фракции отличается наличием фазы относительного покоя в течение 48 ч после прикрепления. Экспоненциальный рост начинается через 72 ч с выходом на плато через 7-8 сут культивирования, после чего начинается фаза стационарного роста. При дальнейшем культивировании в монослое наблюдается плотная упаковка клеток, наличие заворотов и вертикальных клеточных выростов. Данные представлены в работе (Билявская и др., 2013).

Протокол 2.8. Определение зон пролиферации в первичной культуре клеток щитовидной железы.

Все манипуляции проводятся с соблюдением правил асептики и антисептики в стерильных помещениях (боксах) с использованием стерильных растворов и расходных материалов.

Материалы: культура клеток, раствор питательной среды с концентрацией 5 мкг/мл красителя CFSE (Sigma, USA), автоматический дозатор, питательная среда DMEM/Ham's F12, шейкер, флуоресцентный микроскоп.

1. После удаления культуральной среды, к клеткам внести раствор красителя (на культуральный флакон площадью 25 см^2 – 3-4 мл раствора).

2. Инкубировать 30 мин при 37 °С.

3. Заменить раствор, содержащий краситель на культуральную среду в объеме 4 мл.

4. Флуоресцентную микроскопию клеток проводить в течение 6 сут, используя длины волн возбуждения и эмиссии 492 и 518 нм соответственно.

5. С помощью программы AxioVision Rel.4,7 (Carl Zeiss, Германия) определить интенсивность флуоресценции клеток в том количестве полей зрения, которое необходимо для статистической обработки.

На следующие сутки после окрашивания в первичной культуре клеток щитовидной железы могут наблюдаться клетки, имеющие как интенсивную, так и пониженную флуоресценцию. Такие клетки равномерно распределяются по всему монослою *(рис. 2.4, а)*.

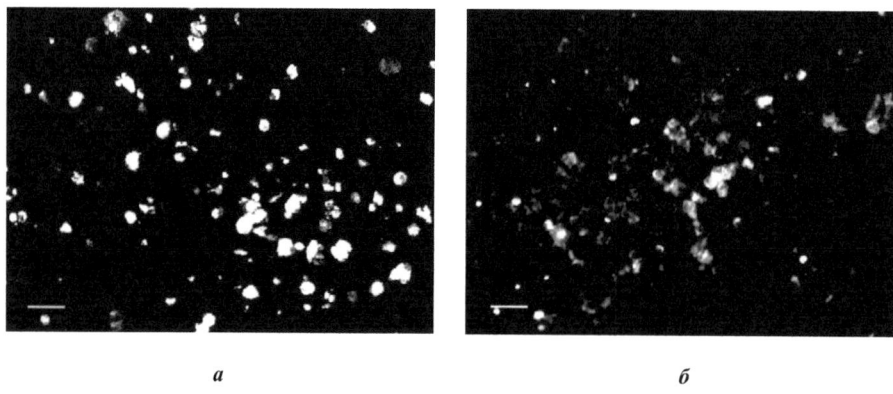

а *б*

Рис. 2.4. Визуализация ядер и деления клеток в первичной культуре щитовидной железы с помощью красителя CFSE. Флуоресцентная микроскопия. Уменьшение флуоресценции клеток со 2 *(а)* на 6 *(б)* сутки окрашивания. Масштабные отрезки: 50 мкм. Данные опубликованы в статье (Bilyavskaya S.B. et al., 2013).

Нет зон клеток, имеющих аномально высокую интенсивность флуоресценции, что означало бы торможение митотической активности в этих местах. Это свидетельствует о том, что процессы пролиферации клеток проходят в культурах равномерно. На 6 сутки после окрашивания интенсивность флуоресценции в клетках обеих культур снижается в среднем в 2 раза *(рис. 2.4, б)*.

Обработку всех цифровых данных мы проводили с использованием t-критерия Стьюдента для значений с нормальным распределением и критерия Манна-Уитни – для небольших выборок без учета распределения значений. Эксперименты повторяли трижды, опытные варианты дублировали в каждом эксперименте (n = 9).

2.1.4.3. Морфологическая характеристика первичной культуры

Изучение морфологии клеток является самым простым и наиболее прямым методом, используемым для идентификации клеток. Эпителиальные клетки, к которым относится и фолликулярный эпителий щитовидной железы, растущие в центре конфлюэнтного монослоя, обычно имеют правильную полигональную форму с ясно очерченными краями, в то время как те же клетки, растущие на краю монослоя, могут иметь менее правильную форму, отличающуюся разнообразием, а при трансформации могут отрываться от монослоя и принимать фибробластоподобную форму. Термины «фибробластный» и «эпителиальный» описывают внешний вид клеток. Полигональные клетки монослоя, с более правильными контурами клеток, растущие отдельными островками отдельно от других клеток, обычно рассматриваются как эпителиальные. Тем не менее, когда идентичность клеток не подтверждается, должен использоваться термин «фибробластоподобные» или «эпителиоподобные» (эпителиоидные) клетки (Freshney R. I., 2010).

После помещения в условия культивирования клетки и фолликулы прикрепляются к субстрату. Выселение клеток из материнских фолликулов происходит через 1 сутки культивирования. На 3 сутки культивирования вокруг материнских фолликулов наблюдаются участки монослоя. К 6 суткам культивирования формируется конфлюентный монослой, преимущественно из эпителиоидных клеток, которые равномерно распределяются на подложке, имеют полигональную форму, крупное ядро с двумя или несколькими ядрышками *(рис. 2.5, а)*.

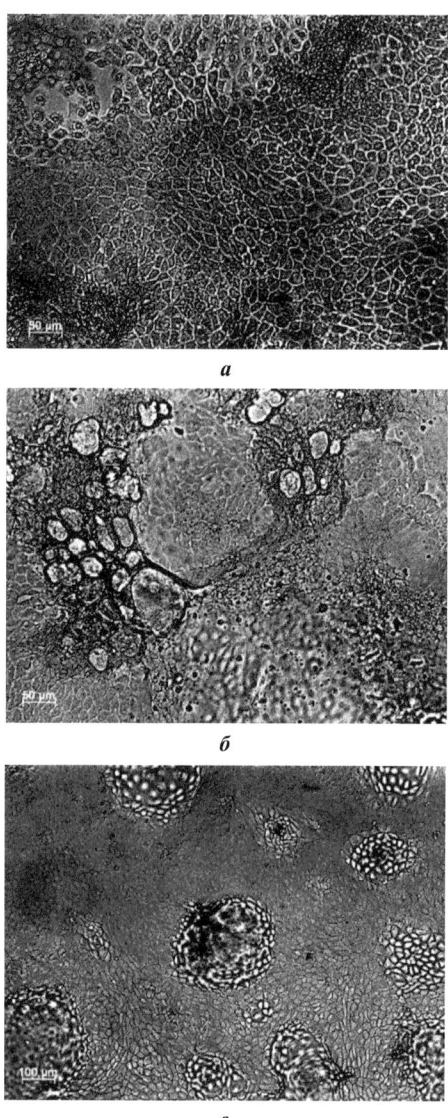

а

б

в

Рис. 2.5. Формирование монослоя клетками первичной культуры щитовидной железы на 6 сутки культивирования *(а)*, образование фолликулоподобных *(б)* и куполообразных *(в)* структур. Фазово-контрастная микроскопия. Масштабные отрезки: 50 (а, б), 100 (в) мкм.

36

На 6-7 сутки в культуре наблюдаются процессы организации двух морфологически разных типов трехмерных структур. Во-первых, формируются зоны, состоящие из фолликулоподобных структур с полостями, окруженными плотно упакованными клетками *(рис. 2.5, б)*. Во-вторых, из эпителиоидных клеток образовываются куполообразные домены, возвышающиеся над монослоем *(рис. 2.5, в)* (Билявская С.Б. и др., 2011).

2.1.4.4. Гормональная активность

Гормональная активность клеток эндокринных желез в условиях культивирования может являться косвенным показателем их фенотипической при-надлежности, а также критерием функциональной оценки культуры. Мы исследовали уровень тироксина в среде культивирования первичных культур, полученных из фолликулярной и фолликулярно-клеточной фракции щитовидных желез.

Протокол 2.9. Определение содержания тироксина с культуральной среде клеток щитовидной железы.

Содержание тироксина в среде культивирования клеток щитовидной железы проводили радиоиммунологическим методом с использованием стандартного тест-набора RIAT4Kit (Immunotech, Франция).

Материалы: пробы, отобранные на следующие сутки после полной замены среды в процессе культивирования, тест-система, инструкция к набору, автоматический дозатор, наконечники, шейкер, гамма-счетчик. Тест-набор и пробы должны быть комнатной температуры.

1. Отобранные пробы центрифугировать 3 мин при 1000 об/мин.

2. Измерение проводить согласно прилагаемой инструкции.

3. Концентрацию гормона пересчитать на концентрацию клеток в исследуемых культурах.

Базальный уровень Т4 в среде культивирования клеток первичной культуры, полученной из ФФ, был выше по сравнению с ФКФ *(рис. 2.6)*.

При культивировании клеток ФФ секреция гормона постепенно снижается, особенно в течение первых 3 суток культивирования. На 6 сутки уровень Т4 составляет 84,4±10,9 нмоль/л (p < 0,05), а на 16-53±1,5 нмоль/л (p < 0,05). При культивировании клеток ФКФ уровень Т4 не меняется в течение 8 суток культивирования, после чего на 10 сутки уменьшается до 32,9±6,8 нмоль/л (p < 0,05) (Bilyavskaya S.B. et al., 2013).

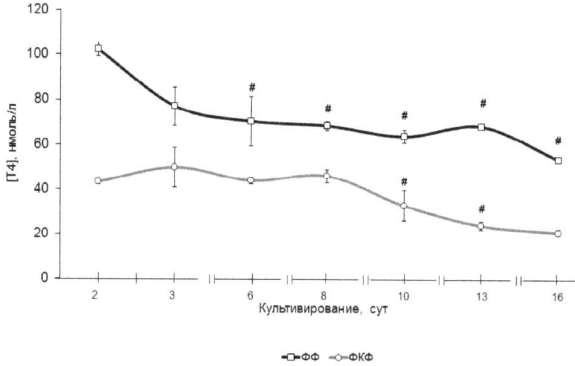

Рис. 2.6. Изменение уровня секреции Т4 клетками первичной культуры, полученной из ФФ и ФКФ щитовидной железы. Достоверность различий уровня Т4 (p < 0,05) по сравнению с секрецией гормона на 2 сутки культивирования обозначены решеткой (#).

Снижение синтеза тироксина в первичной культурк клеток ЩЖ наблюдали и в других работах (Fayet et al., 1982; Roger et al., 1997), и связывают его с уменьшением способности клеток к дейодированию тиреоглобулина при переходе от нативной фолликулярной организации к монослойной (Roger, Dumont, 1983).

2.2. КУЛЬТИВИРОВАНИЕ НА ПИТАТЕЛЬНЫХ СРЕДАХ С ДОБАВЛЕНИЕМ РОСТОВЫХ ФАКТОРОВ

Известно, что ТТГ является фактором пролиферации и дифференцировки клеток ЩЖ (Dumont et al., 1992; Postiglione et al., 2002). Гормон индуцирует дифференцировку зрелых тиреоцитов посредством экспрессии специфических генов, взаимодействуя с мембранным рецептором (рТТГ). Формирование в первичной культуре под влиянием ТТГ большого количества крупных доменов, имеющих внутри фолликулоподобные структуры, приводит к мысли о том, что в процесс формирования куполообразных структур также вовлечены процессы пролиферации и фолликулогенеза тиреоцитов. К такому же выводу пришли и другие авторы, наблюдавшие трансформацию доменов в замкнутые фолликулярные структуры, особенно выраженную в присутствии дибутирил-цАМФ (Tonoli et al., 2000).

Мультиклеточные образования сферической формы характерны для культур, выделенных из эмбриональных и опухолевых тканей, что объясняется присутствием в них популяции стволовых (прогениторных) клеток (Rohani et al., 2008; Hirschhaeuser et al., 2010). Описано получение сфероидов в культуре, полученной из узлового зоба ЩЖ (Lan et al., 2007). Показано, что в составе основной популяции клеток ЩЖ мышей находится небольшой пул стволовых клеток, обладающих медленным ростом и отсутствием дифференцировки (Nobuo et al., 2007). Описана способность стволовых клеток, изолированных из нормальной ЩЖ человека, дифференцироваться в нейроноподобные клетки и экспрессировать β-III-тубулин в условиях со-культивирования с клетками линии нейробластомы LAN5 (Fierabracci et al., 2008).

Нами была предпринята попытка модифицировать условия культивирования с целью обнаружения клеточной дифференцировки или трансформации под их воздействием для подтверждения предположения о нахождении в культуре стволовых/прогенеторных клеток.

2.2.1. Морфологические особенности первичной культуры клеток щитовидной железы под влиянием TSH

В литературе описаны несколько типов трехмерных клеточных структур, возникающих при культивировании клеток ЩЖ различного происхождения в обычных или специальных условиях – фолликулоподобные (Fayet et al., 1982; Yap et al., 1995; Kogai et al., 2000; Bernier-Valentin et al., 2006; Nobuo et al., 2007), куполообразные структуры (Tonoli et al., 2000; Toda et al., 2001a, 2001b) и многоклеточные сфероиды (Хоруженко, 2002; Lan et al., 2007; Fierabracci et al., 2008).

Формирование фолликулов в монослойной, 3D- и органотипической культуре подробно описано в исследованиях Тода с коллегами (Toda et al., 2001a, 2001b, 2003). Фолликулогенез в монослойной культуре начинается с образования мелких внутриклеточных везикул, которые впоследствии сливаются в общую межклеточную полость. В органотипической и 3D-культуре, кроме описанного, возможен фолликулогенез из материнского фолликула посредством отпочковывания от него или деления его полости. В полученной нами культуре клеток неонатальной ЩЖ свиней мы наблюдали фолликулогенез путем образования внутриклеточных полостей и их слияния.

Зависимость фолликулогенеза от присутствия ТТГ в среде культивирования обсуждалась во многих работах (Dumont et al., 1992; Kogai et al., 2000; Lan et al., 2007). Однако некоторые исследования указывают на возможность формирования фолликулов в первичной культуре клеток ЩЖ без ТТГ, например, при достаточно высокой (0,5-0,75 млн. клеток/см^2) плотности посева клеток (Bernier-Valentin et al., 2006), при культивировании в средах с низким содержанием сыворотки (Fayet et al., 1982; Kogai et al., 2000), при использовании желатиновой (Takasu et al., 1979) или коллагеновой подложки (Toda et al., 2003). Мы не наблюдали значительного влияния присутствия ТТГ в среде культивирования на фолликулогенез ПК клеток ЩЖ, возможно, за счет высокой плотности посева клеток.

Появление куполообразных структур в монослое описано при культивировании клеток эпителия кишечника (Whitehead et al., 2008), почки (Park et al., 2010), эпидидимуса (Byers et al., 1992). В культурах, полученных из ЩЖ свиней, также наблюдается куполообразная организация клеток (Tonoli et al., 2000; Toda et al., 2001a, 2001b). Природа этого явления до конца не выяснена. Одни авторы считают данные образования областями слабого прикрепления клеток к субстрату (Sugahara et al., 1984), тогда как большинство исследователей связывают феномен с активным транспортом воды, ионов и накоплением внеклеточной жидкости под куполом, состоящим из эпителиальных клеток (Lechner et al., 2011). Эпителий многих органов ответственен за формирование и поддержание обособленных отсеков с содержанием веществ, отличным от состава внешней среды. Это достигается за счет существования трансэпителиального барьера, а также направленного транспорта электролитов, энергетических субстратов, белков и т.п.

Тода с коллегами (Toda et al., 2001a, 2001b) не наблюдали клеток внутри куполообразных доменов в ПК клеток ЩЖ, тогда как мы обнаружили присутствие клеток, организованных в фолликулярные структуры, как в полости, так и прикрепленные к подложке на дне домена. Более того, в присутствии ТТГ увеличивались количество и размер доменов.

Протокол 2.10. Хроническая стимуляция клеток первичной культуры щитовидной железы тиротропином.

Все манипуляции проводятся с соблюдением правил асептики и антисептики в стерильных помещениях (боксах) с использованием стерильных растворов и расходных материалов.

Материалы: первичная культура клеток, питательная среда DMEM/Ham's F12, обогащенная 10 % эмбриональной сыворотки и содержащая 100 Ед/мл пенициллина, 100 мкг/мл стрептомицина и 5 мкг/мл амфотерицина В (культуральная среда). Стерильные расходные материалы (флаконы с площадью культуральной поверхности 25 см², планшеты 24 V или чашки Петри диаметром 5-6 см, стерильные пипетки объемом 1-1,5 мл, автоматический дозатор, стерильные пробирки), CO_2-инкубатор.

1. Тиреотропин в концентрации 10 мЕД/мл необходимо вносить в культуральную среду, начиная с 1-х суток культивирования.

2. Культивировать по протоколу 2.4.

3. Полную замену среды осуществлять на каждые 3 сутки культивирования.

4. Культуральную среду, обогащенную тироксином добавлять на протяжении всего срока культивирования.

Анализируя данные морфологии клеток щитовидной железы, культивированных в присутствии ТТГ, мы не заметили значительного влияния стимулятора на фолликулогенез. Образование фолликулоподобных структур наблюдалось и в культурах стимулированных ТТГ, и в контрольных, полученных из обеих фракций. Однако клетки культур в присутствии ТТГ отличались быстрым нарастанием большого количества крупных доменов, приобретающих фолликулоподобное строение и равномерно распределенных по всей площади монослоя. При послойном сканировании домена с помощью конфокального лазерного микроскопа было видно, что он представляет собой трехмерную замкнутую структуру с полостью внутри. Стенки домена представлены кубическим эпителием с физиологической пространственной организацие, разделяющим полость на ячейки фолликулярного строения, дно купола также выстлано эпителием *(рис. 2. 7).*

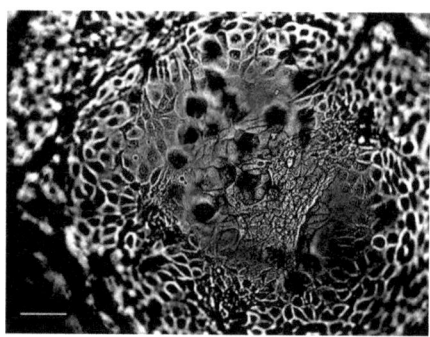

Рис. 2.7. Формирование клеточного домена в условиях хронической ТТГ-стиму-ляции на 6 сутки культивирования первичной культуры клеток щитовидной железы.Конфокально-лазерная микроскопия. Масштабный отрезок 50 мкм.

2.2.2. Гормональная активность модифицированной культуры

Метод определения секреции тироксина первичной культурой щитовидной железы описан в протколе 2.9.

Секреция Т4 клетками первичной культуры, полученной из ФФ, увеличивается по сравнению с базальным уровнем гормона через 24 ч после стимуляции ТТГ (внесения в среду) *(рис. 2.8)*.

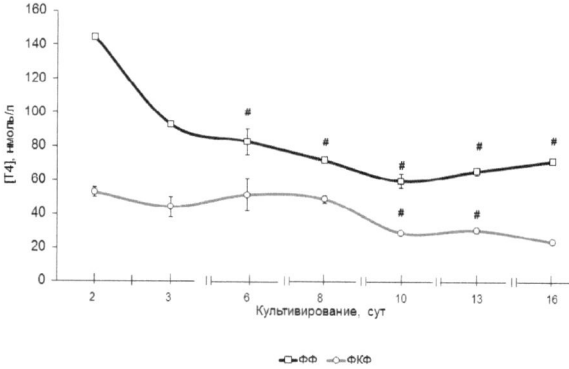

Рис. 2.8. Изменение уровня секреции Т4 клетками первичной культуры, полученной из ФФ и ФКФ щитовидной железы при стимуляции ТТГ в концентрации 10 мЕД/мл, введенного в среду с 1 суток и до окончания всего срока культивирования. Достоверность различий уровня Т4 (p < 0,05) по сравнению с концентрацией гормона на 2 сутки культивирования показана решеткой (#).

Продолжение культивирования в присутствии ТТГ приводит к уменьшению реакции клеток на стимуляцию через 3-6 суток и ее отсутствию через 8 суток. В первичной культуре клеток, полученной из ФКФ, не наблюдали изменения уровня Т4 в ответ на добавление ТТГ на всем сроке культивирования.

2.2.3. Экспрессия β-III-тубулина в первичной культуре клеток щитовидной железы под влиянием NGF

Известно, что ткань ЩЖ состоит из гетерогенной популяции клеток, включающей функционально различные типы клеток, имеющие разных предшественников, происходящих от всех трех эмбриональных зародышевых листков: предшественников фолликулярных клеток эндодермального происхождения, клеток мезодермального происхождения, поддерживающих микроокружение и парафолликулярных клеток нейрального происхождения (Thomas et al., 2006; Fierabracci, 2012). Возможность дифференцировки клеток, полученных из ЩЖ, в нейрональном направлении была показана в ряде работ (Fierabracci et al., 2008; Suzuki et al., 2011).

Предположив, что неонатальная ткань ЩЖ может содержать пул стволовых клеток, обладающих достаточной пластичностью, мы предприняли попытку дифференцировать клетки первичной культуры в нейрональном направлении. Для этого клетки ФФ и ФКФ культивировали в течение 16 сут в присутствии фактора NGF, после чего исследовали экспрессию β-III-тубулина. Тубулин – это основной белок микротрубочек цитоскелета, а его изотип β-III является компонентом нейротрубочек и широко используется в качестве нейронального маркера (Коржевский и др., 2010).

Протокол 2.11. Определение экспрессии β-III-тубулина в первичной культуре клеток щитовидной железы под влиянием NGF.

Экспрессию β-III-тубулина в первичной культуре клеток ЩЖ определяли через 16 сут культивирования в присутствии 10 нг/мл фактора NGF (Sigma, США).

1. После фиксации в 4%-м параформальдегидом (Sigma, США) в течение 15 мин клетки обрабатывали 0,1%-ным сапонином (Calbiochem, США) и инкубировали в 5%-ной нормальной сыворотке козла (Sigma, США) в течение 1 ч.

2. Мечение первичными антителами к β-III-тубулину (mouse monoclonal, клон TU-20, разведение 1:500, Abcam, Великобритания) проводили в течении 2 ч при комнатной температуре, после чего клетки промывали фосфатно-солевым буферным раствором и инкубировали со вторичными FITC-коньюгированными антителами (goat anti-mouse, разведение 1:1000, Abcam) в течение 30 мин.

3. Для фазово-контрастной и флуоресцентной микроскопии использовали конфокальный лазерный микроскоп Carl Zeiss Axio Observer Z1 (Германия), для обработки изображения – программу AxioVision Rel.4,7 и LSM Image Examiner (Carl Zeiss, Германия).

При длительном культивировании в присутствии NGF в первичной культуре клеток щитовидной железы формируются колонии, экспрессирующие β-III-тубулин. Позитивно-окрашенные клетки имеют многоотросчатую или фибробластоподобную форму, что отличает их от исходной эпителиоидной морфологии монослоя. Клетки, полученные как из ФФ, так и из ФКФ, экспрессируют этот маркер (рис. 2.9).

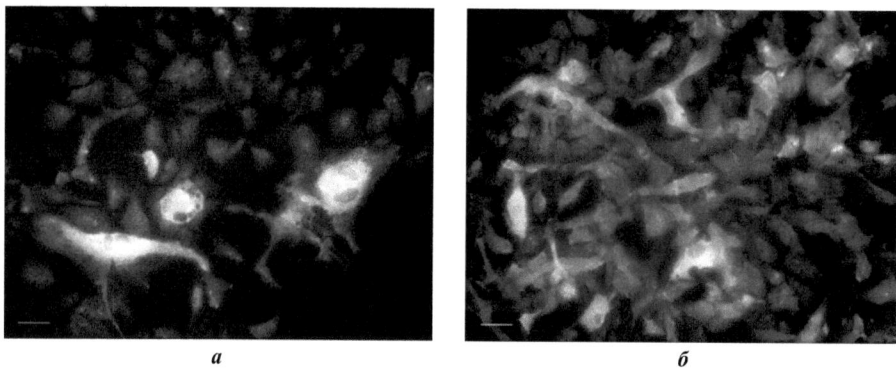

а   *б*

Рис. 2. 9. Экспрессия β-III-тубулина клетками первичной культуры, полученной из фолликулярной фракции *(а)* и фолликулярно-клеточной фракции *(б)* ЩЖ на 16 сутки культивирования в присутствии NGF. Ядра клеток окрашены PI. Масштабные отрезки: 20 мкм. Данные опубликованы в статье (Bilyavskaya S.B. et al., 2013).

В культуре клеток, полученных из ФФ, интенсивное окрашивание имеют крупные многоотросчатые клетки, расположенные на монослое из эпителиоподобных клеток *(рис 2.9, а)*. В культуре, полученной из ФКФ, присутствуют как многоотросчатые, так и фибробластоподобные клетки, экспрессирующие β-III-тубулин *(рис 2.9, б)*. ФФ и ФКФ, культивированные без NGF, не экспрессируют β-III-тубулин, их состав более однороден с преобладанием эпителиоидных клеток (Билявская и др., 2013).

Локализация стволовых клеток в ЩЖ изучена и показано, что клетки, экспрессирующие эндодермальные маркеры Oct-4 и GATA-4, а также АТФ-зависимый транспортный белок ABCG2, который широко представлен в стволовых (прогениторных) клетках, локализуются в основном в межфолликулярной зоне (Thomas et al., 2006; Nobuo et al., 2007; Davies et al., 2011). Мы не наблюдали зависимости экспрессии β-III-тубулина от сохранности межфолликулярных зон в качестве «ниши» стволовых клеток, так как позитивно-окрашенные клетки были представлены как в культурах, полученных из конгломератов фолликулов (ФФ), так и из одиночных клеток (ФКФ).

Показано, что β-III-тубулин может экспрессироваться в дендритных клетках лимфоузлов (Lee et al., 2005), фибробластах, кератиноцитах, опухолях молочной и поджелудочной желез (Jouhilahti et al., 2008), клетках опухолей глиального происхождения (Katsetos et al., 2002), в астроцитах наряду с астроцитарным маркером GFAP (Drbberovb et al., 2008). С одной стороны, возможно, что клетки, экспрессирующие β-III-тубулин в ПК клеток ЩЖ, не относятся к нейроноподобным. Однако весьма вероятно, что появление этого маркера в клетках культуры может подтверждать наличие стволовых клеток в полученной нами культуре неонатальной ЩЖ и являться признаком их нейрональной дифференцировки под воздействием ростовых факторов.

2.3. СУБКУЛЬТИВИРОВАНИЕ

В случае, когда первичная культура заняла всю культуральную поверхность, имеет уплотнение и завороты монослоя, возникает необходимость пересева клеток или субкультивирования. Первое субкультивирование представляет собой важный этап, в это время из гетерогенной клеточной популяции формируется более гомогенная – вторичная культура. Процесс первого субкультивирования имеет большое значение в практической биологии, т.к. такая культура может поддерживаться, криоконсервироваться, храниться, транспортироваться и может быть охарактеризована, что важно для унификации экспериментальных исследований.

Первое субкультивирование дает начало вторичной культуре, повторное – третичной и т.д., хотя на практике эта номенклатура редко используется далее, чем третичная культура.

Протокол 2.12. Субкультивирование клеток щитовидной железы.

Все манипуляции проводятся с соблюдением правил асептики и антисептики в стерильных помещениях (боксах) с использованием стерильных растворов и расходных материалов.

Материалы: первичная культура клеток, фильтрованный 0,5% раствор трипсина в физиологическом растворе, нагретый до 37 °C, раствор Версена, питательная среда DMEM/Ham's F12, содержащая 5% ФТС (отмывочная среда), стерильный дозатор, центрифужные пробирки объемом 14 мл, пробирки, объемом 50 мл для растворов, культуральные сосуды, камера Горяева, светооптический микроскоп, термостат, CO_2-инкубатор.

1. Из культурального флакона с клетками первичной культуры (площадь 25 см^2) удалить питательную среду, промыть отмывочной средой путем однократного добавления к клеткам и удаления 4-х мл среды.

2. Развести раствор трипсина с раствором Версена в соотношении 1:1. Внести 3 мл полученного раствора в культуральный флакон с клетками. Инкубировать 3 мин при 37 °C.

3. Удалить ферментативный раствор. Во флакон с клетками внести 4 мл отмывочного раствора и пипетировать до полного открепления монослоя и помутнения среды.

4. Снятые клетки перенести в центрифужные пробирки, поместить на холод.

5. Центрифугировать двукратно по 3 минуты при 1000 об/мин.

6. Удалить надосадок, клетки ресуспендировать.

7. Подсчитать концентрацию клеток (протокол 2.5).

8. Рассадить клетки в другие культуральные сосуды в концентрации 0,5-1x10^6 клеток на 1 мл культуральной среды.

9. Культивировать в условиях 5% CO_2, при температуре 37 °C.

2.3.1. Морфологическая характеристика монослойной субкультуры (до 5 пассажа)

Пассажи первичной культуры клеток щитовидной железы проводили по методике, описанной в протоколе 2.12 *(рис. 2.10)*.

В процессе субкультивирования клетки, полученные из ФФ и ФКФ щитовидной железы морфологических отличий не имели.

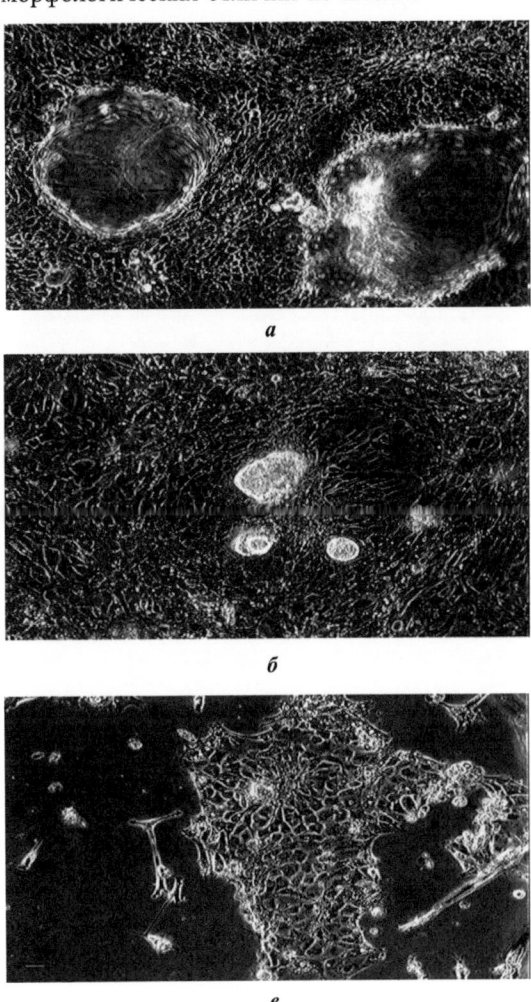

а

б

в

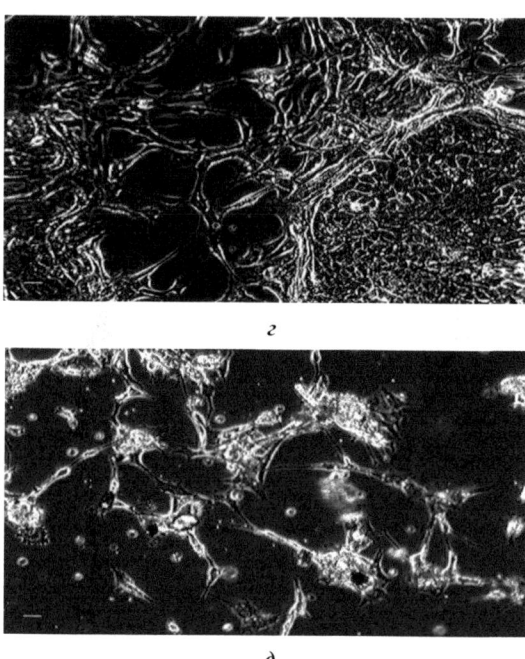

г

д

Рис. 2.10. Субкультивирование первичной культуры щитовидной железы. Формирование монослоя и куполообразных структур клетками первичной культуры щитовидной железы на 6 сутки культивирования при 1 пассаже *(а)*; образование сфероидных структур на монослое их эпителиоидных клеток при 2 пассаже *(б)*; замедление роста эпителиоидных клеток при 3 пассаже *(в)*; рост колоний фибробластоподобных клеток, уплотнение и уменьшение колоний эпителиоидных клеток при 4 пассаже *(г)*; снижение ростовой активности и изменение клеточного состава при 5 пассаже с преобладанием фибробластоподобных и многоотросчатых клеток *(д)*. Фазово-контрастная микроскопия. Масштабные отрезки: 50 мкм.

После 1 пассажа на 6 сутки культивирования клетки фолликулярного эпителия щитовидной железы образовывали конфлюентный монослой. Многочисленными колониями разрастались крупные трехмерные клеточные домены, также состоящие из клеток эпителиального ряда *(рис. 2.10, а)*. Культура 2 пассажа представлена гомогенным клеточным составом из фолликулярного эпителия. Образовывались небольшие гипохромные сфероподобные структуры *(рис. 2.10, б)*. В культуре 3 пассажа рост эпителиоподобных клеток несколько снижался, к

6 суткам монослой не достигал конфлюентности, в отличие от культур 1-2 пассажа. Наряду с эпителиоидными появлялись единичные фибробластоподобные клетки с двумя отростками *(рис. 2.10, в)*. Клетки 4 пассажа характеризовались снижением скорости роста и изменением клеточного состава (70% – эпителиоидные, 30% – фибробластоподобные и многоотросчатые клетки) *(рис. 2.10, г)*. Культура 5 пассажа отличалась резким снижением ростовой активности, преобладанием в своем составе многоотросчатых клеток с крупной цитоплазмой *(рис. 2.10, д)*, монослоя такие клетки не образовывали и на 8 сутки культура деградировала.

2.4. КРИОКОНСЕРВИРОВАНИЕ ПЕРВИЧНОЙ КУЛЬТУРЫ

Вопросы криоконсервирования клеток щитовидной железы имеют большое значение в экспериментальной и клинической трансплантологии в связи с возможностью применения клеточных культур для коррекции тиреоидной недостаточности. К преимуществам трансплантации культивированных клеток можно отнести минимизацию инвазивности процедуры, небольшой объем необходимого материала, поскольку дефекты биохимической функции органа можно компенсировать 1-10% клеток органа (Potashov L.V. et al., 1999), а также снижение иммуногенности путем элиминации «лейкоцитов-пассажиров», которые являются костимуляторами иммунного ответа (Lafferty K.J., et al., 1976). Существует мнение, что криоконсервирование также снижает иммуногенность за счет уменьшения пула антигенпрезентирующих клеток (Taylor M.J. et al., 1988; Taylor M.J. et al., 1987), а клеточные культуры по сравнению с нативной суспензией клеток обладают более высокой устойчивостью к процессу криоконсервирования (Sandler S. et al, 1984).

В этом аспекте актуальным является вопрос разработки режимов криоконсервирования биологического материала, направленных на максимальное сохранение жизнеспособных клеток. Известно, что эндокринные ткани высоко чувствительны к различного рода ишемическим факторам, осмотическим изменениям, действию низких температур. В литературе широко представлены способы криоконсервирования клеток и ткани некоторых эндокринных органов с использованием низких скоростей охлаждения, в частности 1 градус/мин, и растворов криопротектора ДМСО, который в определенной концентрации обладает выраженным противоишемическим действием (McGann L. E. et al., 1987). Описаны положительные результаты при замораживании островков поджелудочной железы в присутствии 20%-го раствора ДМСО (Lakey J. R. et al., 1999; Lakey J. R. et al., 2001), суспензии клеток надпочечников новорожденных поросят – 7%-го (Устиченко В. Д., 2007), суспензии клеток Сертоли фетальных семенников крыс – 10%-го (Cameron D. E. et al., 1997), органотипической культуры щитовидной железы новорожденных поросят – 7%-го (Легач Е. И. и др., 2007).

2.4.1. Подбор оптимальных условий криоконсервирования

Главное условие оптимизации процесса криоконсервирования клеток с целью сохранения их жизнеспособности и функциональности – это минимизация образования внутриклеточных кристаллов льда, а также предотвращение образования очагов высокой концентрации солей, возникающих при кристаллизации внутриклеточной воды. Это можно достичь путем замораживания с медленной скоростью охлаждения; использования криозащитной среды на основе проникающего криопротектора, такого как диметилсульфоксид в оптимальной концентрации и сыворотки; хранения клеток в жидком азоте; быстрого отогрева на водяной бане при 37 °C; пошаговой отмывки от криопротектора. Для замораживания клеток обычно используется концентрации между 5% и 15%, чаще всего 10%. Бывают ситуации, при которых ДМСО может являться токсичным или индуцировать дифференцировку клеток. Поэтому, отмывка клеток от криозащитной среды – обязательна.

Протокол 2.13. Криоконсервирование первичной культуры щитовидной железы.

Все манипуляции проводятся с соблюдением правил асептики и антисептики в стерильных помещениях (боксах) с использованием стерильных растворов и расходных материалов.

Материалы: первичная культура клеток, криозащитная среда с двойными концентрациями криопротектора (ДМСО) и ФТС, питательная среда DMEM/Ham's F12, стерильный дозатор, центрифужные пробирки объемом 14 мл, пробирки, объемом 50 мл для растворов, криопробирки, камера Горяева, светооптический микроскоп, программный замораживатель («Cryoson 115», Германия).

1. Снять клетки первичной культуры с культуральной поверхности, как описано в протоколе 2.6.

2. Подсчитать концентрацию клеток (протокол 2.5).

3. Распределить клетки по промаркированным криопробиркам в 0,5 мл питательной среды.

4. Капельно добавлять криозащитную среду с двойной концентрацией криопротектора и сыворотки. В разведении с клетками 1:1 концентрации криопротектора и ФТС достигают используемых значений – это 10-15% ДМСО и 25% ФТС.

5. Насыщать криопротектором – 2 мин.

6. Замораживать на программном замораживателе со скоростью охлаждения 1 градус/мин до – 70 °C с последующим погружением в жидкий азот.

7. Хранить замороженные пробы в жидком азоте в специально оборудованных сосудами Дьюара хранилищах.

2.4.2. Критерии оценки эффективности криоконсервирования

Этапы подготовки первичной культуры к криоконсервированию, как и сам процесс замораживания-отогрева может оказывать негативное влияние на жизнеспособность клеток. Поэтому, очень важно подбирать оптимальные режимы, безусловно отличающиеся для разных видов клеток. Эндокринные клетки обладают функцией синтеза и секреции гормонов и, при замораживании, гормональная активность может изменяться. Показательными критериями эффективности криоконсервирования клеток щитовидной железы можно считать их сохранность после отогрева, жизнеспособность, а также гормональную активность и морфологические характеристики в условиях субкультивирования.

2.4.2.1. Сохранность клеток после отогрева

Сохранность клеток после криоконсервирования определяли: как общее количество клеток после отогрева по отношению к общему количеству клеток до замораживания, выраженное в процентах. Концентрацию клеток подсчитывали по методу, описанному в протоколе 2.5.

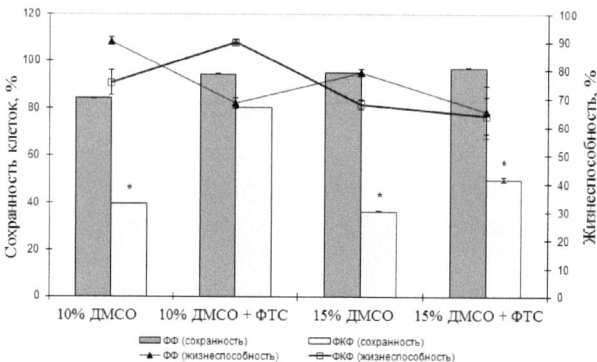

Рис. 2. 11. Влияние криоконсервирования со скоростью охлаждения 1 градус/мин в присутствии разных концентраций ДМСО на сохранность и жизнеспособность первичной культуры, полученной из фолликулярной фракции (ФФ) и фолликулярно-клеточной фракции щитовидной железы (ФКФ). Достоверность различий показателя сохранности (p < 0,05) по отношению к 100 % показана звездочкой (*).

Криоконсервирование первичной культуры тироцитов с использованием различных концентраций ДМСО показывает, что культура, полученная из фолликулярной фракции *(рис. 2, 11)*, более устойчива к замораживанию-отогреву по сравнению с культурой, полученной при субкультивировании клеточной фракции. Такой эффект можно объяснить сохранением межклеточных контактов на базальных мембранах тироцитов, что связано с морфологическими особенностями тиреоидной паренхимы. Поскольку структурно-функциональной единицей щитовидной железы является фолликул, содержащий продукт секрета клеток тиреоидного эпителия – коллоид, это возможно влияет на целостность клеток фолликула вследствие ограничения объемных изменений.

Наиболее высокая сохранность (95-97%) характерна для образцов фолликулярной фракции, криоконсервированных с 15%-м ДМСО как в присутствии сыворотки, так и без нее. Жизнеспособность составила 65-80%. Такие показатели можно объяснить использованием высоких концентраций криопротектора именно для клеточных кластеров по причине более длительного его проникновения в клетки с сохраненными межклеточными связями. Данное предположение согласуется с исследованиями, в которых для криоконсервирования другого вида клеточных кластеров – островков поджелудочной железы использовали 20%-й ДМСО (Lakey J. R. et al., 1999; Lakey J. R. et al., 2001). Замораживание в присутствии 10%-го ДМСО привело к незначительному снижению сохранности и жизнеспособности фолликулярной фракции. При этом проявился криопротекторный эффект сыворотки в увеличении показателя сохранности на 10% по отношению к образцам, криоконсервированным без сыворотки. Культуры из клеточной фракции имеют более низкие значения сохранности клеток по сравнению с фолликулярной. При использовании 10%-го раствора ДМСО в присутствии сыворотки отмечены максимальная сохранность (80,45%) и высокий уровень жизнеспособности клеток (89,82%). Добавление сыворотки к образцам с 10 и 15%-м ДМСО приводило к некоторому увеличению показателя сохранности по отношению к соответствующей бессывороточной криозащитной среде.

Суммируя результаты изучения сохранности и жизнеспособности после отогрева криоконсервированных образцов, можно сказать, что наиболее эффективными концентрациями криопротектора для фолликулярной фракции являются 15%-й ДМСО с 25%-й ФТС и 10-15%-й ДМСО с 25%-й ФТС – для клеточной.

2.4.2.2. Субкультивирование криоконсервированной культуры (морфология, ростовая и гормональная активность клеток)

Протокол 2.14. Субкультивирование криоконсервированной культуры клеток щитовидной железы.

Все манипуляции проводятся с соблюдением правил асептики и антисептики в стерильных помещениях (боксах) с использованием стерильных растворов и расходных материалов.

Материалы: криоконсервированные клетки, питательная среда DMEM/Ham's F12, культуральная среда (DMEM/Ham's F12, обогащенная 10 % эмбриональной сыворотки и содержащая 100 Ед/мл пенициллина, 100 мкг/мл стрептомицина и 5 мкг/мл амфотерицина В), культуральные флаконы или планшеты, стерильные дозаторы, наконечники к дозаторам, центрифужные пробирки объемом 14 мл, пробирки, объемом 50 мл для растворов, водяная баня с установленной температурой 37 °C, камера Горяева, светооптический микроскоп, CO_2-инкубатор.

1. Отогрев проводить на водяной бане при 37 °C до исчезновения твердой фазы.

2. Перенести клетки с криопротектором из криопробирки в центрифужную пробирку.

3. Ступенчато удалить криозащитную среду путем капельного добавления питательной среды в пробирку с клетками: поочередно внести 0,5 мл питательной среды, затем еще 0,5 мл, затем двукратно по 1 мл и однократно – 2 мл.

4. Центрифугировать 3 минуты при 1000 об/мин.

5. Удалить надосадок, клетки ресуспендировать, подсчитать их концентрацию (протокол 2.5).

6. Рассадить в культуральные сосуды в плотности фолликулярной фракции 0,3-1×10^5 фолликулов на 1 см², фолликулярно-клеточной фракции – 0,5-1×10^6 фолликулов и клеток на 1 см².

7. Культивировать в условиях 5% CO_2 и температуры – 37 °C.

Микроскопически установлено, что в фолликулярной фракции после замораживания-отогрева образцов, криоконсервированных в присутствии 15%-го ДМСО и 25% ФТС, на 6 сутки субкультивирования монослой достигал 100% *(рис. 2.12)*.

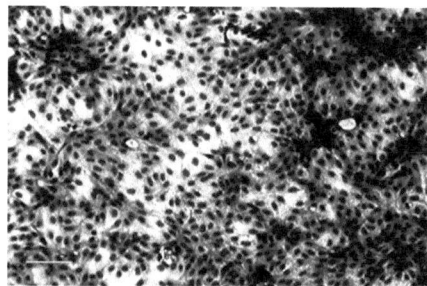

Рис. 2.12. Субкультивирование первичной культуры клеток неонатальной щитовидной железы свиней после замораживания-отогрева образцов, криоконсервированных с использованием 10%-го ДМСО и 25%-й ФТС. Окраска гематоксилином и эозином. Фазово-контрастная микроскопия. Масштабный отрезок: 50 мкм.

Монослой представлен эпителиоидными клетками полигональной формы, морфологически не отличающихся от клеток первичной культуры (раздел 2.1.4.3. Морфологическая характеристика первичной культуры).

Начиная с 1 суток субкультивирования и до последних 16 суток в культуральную среду добавляли ТТГ в концентрации 10 мЕД/мл.

Морфологические отличия в стимулированной и нестимулированной культурах проявлялись с 6 суток культивирования – начинался процесс везикуляции, причем отличий между клетками, полученными из ФФ и ФКФ не было. На 16 сутки в клетках, культивированных с тироксином видны везикулы, которые, сливаясь, образуют небольшие полости *(рис. 2.13, б)*. В культуре без ТТГ везикуляци не было *(рис. 2.13, а)*. Данный процесс можно отнести к фолликулогенезу, опосредованному действием ТТГ.

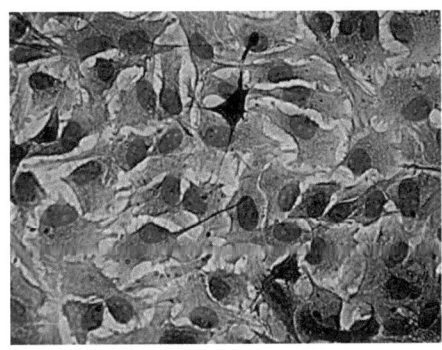 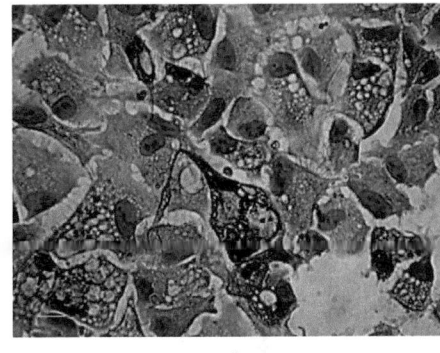

а   *б*

Рис. 2.13. Процесс образования везикул в субкультуре клеток щитовидной железы на 16 сутки культивирования в присутствии ТТГ (а) и без ТТГ (б), предварительно криоконсервированных с использованием 10%-го ДМСО и 25%-й ФТС со скоростью охлаждения 1 градус/мин. Окраска гематоксилином и эозином. Фазово-контрастная микроскопия. Масштабные отрезки: 20 мкм.

Определение ростовой активности описано в протоколе 2.7, определение гормональной активности – в протоколе 2.9, способ стимуляции клеток первичной культуры щитовидной железы ТТГ – в протоколе 2.10.

Цикл роста после замораживания-отогрева клеток, полученных из ФФ в сравнении с ФКФ существенных отличий не имеет (рис. 2.14). Для криоконсервированных субкультивированных клеток щитовидной железы характерно удлинение lag-периода. Время удвоения популяции – 72 ч (приходится на 3 сутки культивирования). В фазу экспоненциального роста клетки входят с 3 суток культивирования. Log-фаза продолжается до 8 суток (удлинение периода) и переходит в фазу плато.

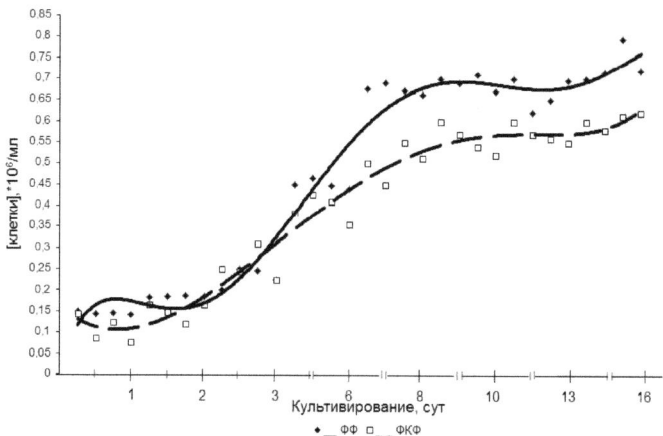

Рис. 2.14. Изменение пролиферативной активности криоконсервированной и субкультивированной первичной культуры щитовидной железы, полученной из фолликулярной фракции (ФФ) – черные точки и фолликулярно-клеточной фракции (ФКФ) – белые точки в течение 16 суток культивирования. Точки – значения, полученные для каждого случая; линии – полиномиальная аппроксимация. Режим криоконсервирования: криозащитная среда (10% ДМСО с добавлением 25% ФТС), скорость охлаждения – 1 °С в мин до –70 °С с последующим погружением в жидкий азот.

Уровень тироксина в среде культивирования криоконсервированных клеток щитовидной железы достоверно снижается на 3 сутки *(рис. 2.15)*.

Концентрация тироксина в среде культивирования клеток, полученных из фолликулярной фракции щитовидной железы на 2 сутки – в два раза выше по сравнению с клетками, полученными из фолликулярно-клеточной фракции. ТТГ в концентрации 10 мЕД/мл не оказывает стимулирующего влияния на субкультивированные клетки щитовидной железы после замораживания-отогрева.

56

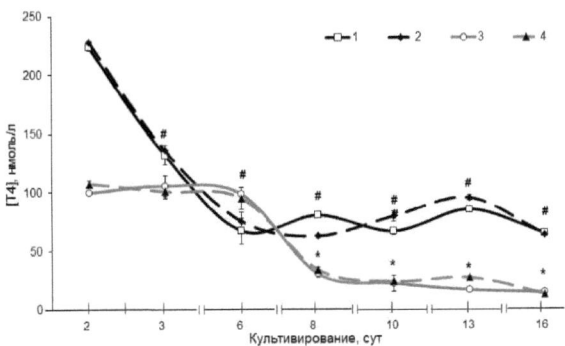

Рис. 2.15. Изменение уровня секреции Т4 клетками криоконсервированной и субкультивированной первичной культуры, полученной из ФФ (1, 2) и ФКФ (3, 4) щитовидной железы при стимуляции ТТГ в концентрации 10 мЕД/мл, введенного в среду с 1 суток и до окончания всего срока культивирования. При криоконсервировании использовались: криозащитная среда с добавлением 10% ДМСО и 25% ФТС и скорость охлаждения – 1 градус в мин. 1, 3 – базальный уровень, 2, 4 – после стимуляции ТТГ. Достоверность различий уровня Т4 (p < 0,05) по сравнению с секрецией на 2 сутки культивирования для ФКФ показана звездочкой, для ФФ – решеткой (#).

2.5. ЗАКЛЮЧЕНИЕ

В итоге можно сказать, что первичная культура клеток, полученная из неонатальной щитовидной железы свиней, представлена в основном эпителиоидными клетками с функциональной принадлежностью к фолликулярному эпителию и является гормонально активной, быстро пролиферирующей системой, способной к фолликулогенезу. Исходное состояние помещаемого в условия культивирования материала в виде фолликулярных конгломератов имеет позитивное влияние на активность роста и гормональную продукцию клеток первичной культуры неонатальной ЩЖ. Способность к экспрессии β-III-тубулина клетками культуры в условиях индукции дифференцировки в нейрональном направлении может быть связана с наличием в ней стволовых (прогенеторных) клеток и требует проведения дальнейших исследований по идентификации таких популяций.

Культуры клеток щитовидной железы новорожденных поросят, полученные как из фолликулярной, так и из клеточной фракций изменяют свой состав в процессе длительного культивирования. Культура второго пассажа наиболее гомогенна, обогащена эпителиоидными клетками, которые кроме монослойного роста, также образуют колонии в виде трехмерных куполообразных доменов. Начиная с третьего пассажа клеточный состав характеризуется морфологически различными популяциями клеток в разных соотношениях – это эпителиоидные, фибробластоподобные и многоотросчатые клетки. Процесс образования фолликулоподобных структур характерен для первичной культуры клеток.

Оптимальным условием криоконсервирования первичной культуры, полученной из клеточной и фолликулярно-клеточной фракции щитовидной железы со скоростью охлаждения 1 градус/мин, является использование 15-10%-го ДМСО и 25% ФТС.

Глава 3

ОРГАНОТИПИЧЕСКАЯ КУЛЬТУРА ЩИТОВИДНОЙ ЖЕЛЕЗЫ

В настоящий момент развития биологии, клеточная культура является ведущей, поскольку имеет неоспоримые преимущества в сравнении с органотипической культурой. Органотипическая культура может успешно использоваться в качестве первичных эксплантатов для получения клеточной культуры. Первичные эксплантаты можно хранить долгое время, предварительно подвергнув их криоконсервированию. Кроме того, многие исследователи считают, что лишь одни питательные и гормональные добавки недостаточны для полного воспроизведения структурной и функциональной идентичности ткани. Жизненно важным фактором, не учитываемым при поддержании клеточной культуры, являются межклеточные взаимодействия.

Существует два вида культур, повторяющих строение органа:

1) органная или органотипическая культура, при которой целый орган или его репрезентативная часть поддерживается в виде небольшого фрагмента в культуре и сохраняет присущее ему количественное и пространственное распределение клеток, представленных в этом фрагменте.

2) гистотипическая культура, для получения которой клеточная культура выращивается до высокой плотности в трехмерном матриксе.

В органотипической культуре сохраняются исходные структурные взаимоотношения клеток, а, следовательно, их межклеточные сигналы.

Главным недостатком архитектоники ткани в органотипической культуре является отсутствие капиллярной системы. Получается, что газовая диффузия и обмен питательных веществ и выделение метаболитов осуществляются только на периферии. Несмотря на недостатки, органотипическая культура значительно упрощает проведение гистологических исследований ткани. Также считается, что определенные элементы фенотипической экспрессии проявляются только если клетки плотно взаимодействуют друг с другом. Клетки в органотипических культурах способны к дифференцировке и выполнению основных функций. В результате ограничений клеточной пролиферации плотностью культуры и физической геометрией большинство органотипических культур не пролиферируют, и такое состояние культуры допускает дифференцировку.

3.1. ОРГАНОТИПИЧЕСКОЕ КУЛЬТИВИРОВАНИЕ

Протокол 3.1. Выделение эксплантатов неонатальной ткани щитовидной железы свиней.

Все манипуляции проводятся с соблюдением правил асептики и антисептики в стерильных помещениях (операционных или боксах) с использованием стерильных расходных материалов.

Материалы: 1-2 суточные животные, хирургический инструментарий (остроконечные ножницы и пинцеты), антисептические растворы для обработки кожи животного, стерильные флаконы, охлажденный стерильный раствор питательной среды 199, содержащий 100 Ед/мл пенициллина и 100 мкг/мл стрептомицина (среда для получения культуры).

1. В промаркированные флаконы внести по 4 мл среды для получения культуры. Флаконы закрыть стерильной пробкой, поместить на лед.

2. После эвтаназии под эфирным наркозом, животных помыть под проточной водой. Кожу в месте проекции органа обработать трехкратным протиранием 5% спиртовым раствором ром йода, затем – 96% этиловым спиртом.

3. Сделать разрез кожи и фасций шеи в области 7-8 кольца трахеи. Извлечь орган, быстро перенести во флакон со средой.

4. Из флакона удалить половинный объем среды. Измельчить орган на фрагменты размером 1 мм^3.

5. Отмыть фрагменты путем трехкратного удаления и добавления среды для получения культуры. Следить за тем, чтобы флаконы с эксплантатами были охлажденными.

Протокол 3.2. Органотипическое культивирование ткани щитовидных желез.

Все манипуляции проводятся с соблюдением правил асептики и антисептики в стерильных помещениях (боксах) с использованием стерильных расходных материалов.

Материалы: фрагменты ткани во флаконах с отмывочной средой, среда 199 или RPMI, содержащая 10% ФТС, йодид калия (75 мкг/л), пенициллин (100 ЕД/мл), канамицин/стрептомицин (100 мкг/мл) – культуральная среда. Стерильные расходные материалы, CO_2-инкубатор.

1. Полностью удалить из флаконов с фрагментами ткани среду для получения культуры и внести культуральную среду. Объем культуральной среды нормировать из расчета 2 мл среды на фрагменты одной железы.

2. Поместить в инкубатор при заданных настройках: концентрация CO_2 – 5%, температура – 37 °C.

3. Полную замену культуральной среды на аналогичную среду осуществлять каждые сутки.

3.2. МОДИФИКАЦИЯ КУЛЬТУРЫ (КОМБИНИРОВАННОЕ КУЛЬТИВИРОВАНИЕ, ОБОГАЩЕНИЕ ПИТАТЕЛЬНОЙ СРЕДЫ МОДИФИКАТОРАМИ ГОРМОНОПОЭЗА)

Способ комбинированного органотипического культивирования ткани щитовидной железы заявлен и опубликован в патенте Украины № 46440 (Билявская С. Б. и др., 2009).

Протокол 3.3. Комбинированное культивирование фрагментов ткани щитовидной железы с эксплантатами надпочечников и/или гипофиза.

Все манипуляции проводятся с соблюдением правил асептики и антисептики в стерильных помещениях (боксах) с использованием стерильных расходных материалов.

Материалы: фрагменты ткани ЩЖ, НЖ и гипофиза во флаконах с отмывочной средой, среда 199 или RPMI, содержащая 10% ФТС, йодид калия (75 мкг/л), пенициллин (100 ЕД/мл), канамицин/стрептомицин (100 мкг/мл) – культуральная среда. Стерильные расходные материалы, CO_2-инкубатор.

1. Получить фрагменты щитовидных, надпочечниковых желез и гипофиза новорожденных поросят по протоколу 3.1.

2. Культивировать в течение 3 суток (протокол 3.2).

3. На 3-е сутки фрагменты 2-х видов желез поместить в один контейнер, ОКЩЖ отделить от ОКНЖ или эксплантатов гипофиза полупроницаемой перегородкой, которая не затрудняла бы межклеточные контакты и диффузию гормонов и инкубировать в течение 24 часов при температуре 37 °C.

Протокол 3.4. Органотипическое культивирование фрагментов ткани щитовидных желез с модификаторами гормонопоэза.

Все манипуляции проводятся с соблюдением правил асептики и антисептики в стерильных помещениях (боксах) с использованием стерильных расходных материалов.

Материалы: фрагменты ткани ЩЖ во флаконах с отмывочной средой, среда 199 или RPMI, содержащая 10% ФТС, йодид калия (75 мкг/л), пенициллин (100 ЕД/мл), канамицин/стрептомицин (100 мкг/мл) – культуральная среда. Стерильные расходные материалы, CO_2-инкубатор.

1. Получить фрагменты щитовидных желез (протокол 3.1.)

2. Культивировать в течение 3 суток (протокол 3.2).

3. После 3-х суток культивирования к органотипической культуре щитовидной железы добавить 10 мкМЕ/мл ТТГ, дибутирил-циклический аденозинмонофосфат (ДБ-цАМФ) – 1 ммоль/мл, кортикостерон в диапазоне концентраций от 0,25 до 1,0 мкг/мл и инкубировать 12 часов при температуре 37 °C в условиях 5% CO_2.

4. *Комбинированное культивирование двух видов эндокринных желез со стимуляторами гормонопоэза.* ОКЩЖ и ОКНЖ культивировать 3 суток (протокол

3.2), затем инкубировать в течение 12 часов с ТТГ, то же провести и с ДБ-цАМФом в вышеуказанных концентрациях, отделяя железы друг от друга полупроницаемой перегородкой.

5. На последние сутки культивирования определить жизнеспособность культивируемого материала (протокол 3.5).

3.2.1 . Жизнеспособность и гормональная активность органотипической культуры

На 4-5 сутки культивирования определяли жизнеспособность органотипических культур щитовидных желез, которую оценивали по способности исключать клеткой суправитальный краситель – трипановый синий. За основу был взят метод колориметрического определения жизнеспособности клеток в модификации (Бондаренко Т.П. и др., 2001).

Протокол 3.5. Определение жизнеспособности клеток органотипической культуры щитовидных желез.

Материалы: опытные образцы культуры, ферментативный раствор, питательная среда 199, ФТС, 0,4% раствор трипанового синего, автоматические дозаторы, нейлоновый фильтр, камера Горяева, микроскоп, микропробирки.

1. Из органотипических культур получить клеточную суспензию методом ферментативной дезагрегации: фрагменты железы инкубировать в ферментативном растворе (питательная среда 199 с добавлением 0,2 мг/мл коллагеназы и 0,2% ФТС) при комнатной температуре и постоянном встряхивании в течение 15 минут.

2. Полученный субстрат протереть через нейлоновую сетку с диаметром ячеек 100 мкм и дважды центрифугировать (3000 об/мин 3 минуты) в 10 мл питательной среды.

3. Надосадочную жидкость слить, а отделившиеся клетки ресуспендировать в 200 мкл питательной среды.

4. Полученную клеточную суспензию окрасить раствором трипанового синего в концентрации 8 мг/мл.

5. Количество жизнеспособных клеток (ЖК, %) определить путем подсчета в гемоцитометре и вычислить по формуле:

$$ЖК = (\sum_{\text{непрокр}} / \sum_{\text{общ}}) \times 100,$$

где $\sum_{\text{непрокр}}$ – количество живых (непрокрашенных) клеток, $\sum_{\text{общ}}$ – общее количество клеток в поле зрения.

Таблица 3.1

Влияние комбинированного культивирования

двух видов эндокринных тканей на жизнеспособность клеток ОКЩЖ

Экспериментальные группы исследуемых образцов	Жизнеспособность, %
ОКЩЖ	52,68±0,72
Комбинированные культуры ЩЖ и НЖ	68,25±0,021
Комбинированные культуры ЩЖ и эксплантатов гипофиза	64,36±0,016

Количество жизнеспособных клеток интактных ЩЖ было принято за 100%.

Показатель жизнеспособности ОКЩЖ после комбинированного культивирования с ОКНЖ на 19,53 % выше по сравнению с монокультурой ЩЖ (таблица 3.1).

Протокол 3.6. Измерение уровня тироксина в среде культивирования органотипических культур щитовидных желез.

Содержание общего тироксина в плазме крови животных-реципиентов и среде культивирования исследуемых образцов определить методом радиоиммунологического анализа с использованием стандартных тест-наборов РИА – Т4 – СТ (Беларусь) (Прядко К. А. и др., 2000) или Т4 Immunotech (Чехия) согласно инструкции. Принцип работы набора состоит в установлении равновесия между ^{125}I-Т4 и эндогенным гормоном анализируемого образца с антителами, иммобилизованными на стенках пробирки. Количество связанного антителами ^{125}I-Т4 находится в обратной зависимости от концентрации Т4 в крови. Концентрацию Т4 в исследуемых образцах плазмы крови найти по калибровочному графику зависимости связанного ^{125}I-Т4 от концентрации тироксина в стандартных калибровочных пробах. Уровень тироксина в образцах инкубационных сред органотипических культур определить по калибровочной кривой зависимости связанного ^{125}I-Т4 от содержания тироксина в калибровочных пробах в диапазоне концентраций от 25 до 400 нмоль/л с учетом содержания в исследуемых образцах 10%-й сыворотки крупного рогатого скота. Полученные значения нормировать на белок, который можно измерить любой количественной реакцией определения содержания белка в жидкости, в частности методом Бредфорда (Дарбе А, 1989).

24-х часовая инкубация ОКЩЖ с эксплантатами гипофиза сопровождалась достоверным увеличением уровня секреции Т4 в среду культивирования *(рис. 3.1)*. Возможно, данный факт является либо следствием пролиферативного эффекта гормонов гипофиза на ткань ЩЖ, либо их регуляторного эффекта на секрецию аккумулированных в коллоиде гормонов.

Несмотря на то, что ткань аденогипофиза стимулировала продукцию Т4, тиреотропный гормон в концентрации 10 мкМЕ/мл не оказывал стимулирующего эффекта и уровень Т4 в среде инкубации и соответствовал контролю (рис. 3.1). Это свидетельствует о том, что выбранная нами физиологическая концентрация ТТГ, возможно не повлияла ни на синтез Т4 de novo, ни на секрецию тироксина ранее накопившегося в коллоиде. С другой точки зрения, для стимулирующего воздействия на ткань неонатальной ЩЖ физиологическая норма ТТГ может значительно отличаться от ткани взрослых животных.

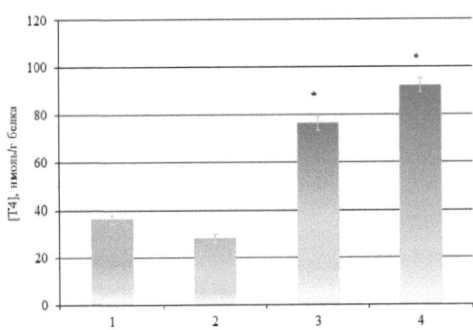

Рис. 3.1. Изменение уровня секреции Т4 органотипической культурой щитовидной железы (1) и после: 12-ти часовой инкубации с ТТГ (2), 24-х часовой инкубации с эксплантатами гипофиза (3), 12-ти часовой инкубации с ДБ-цАМФом (4). Достоверность различий уровня Т4 (p < 0,05) по сравнению с базальной секрецией (*).

Дальнейшее исследование физиологической активности ОКЩЖ было направлено на изучение влияния гормонов надпочечников в условиях комбинированного культивирования с ОКНЖ, как в присутствии стимуляторов, так и без них. Выявлено, что комбинированное культивирование ОКЩЖ с ОКНЖ достоверно увеличивало уровень Т4 в культуральной среде *(рис. 3.2)*.

При воздействии ДБ-цАМФа на комбинированные культуры уровень секреции Т4 был ниже по сравнению с отдельным эффектом стимулятора, но выше контрольных значений *(рис. 3.2)*. Данный эффект подтверждает предположение о двойственном влиянии цАМФа на гормонопоэз как ОКЩЖ, так и ОКНЖ, его распределение среди клеток обеих культур неконтролируемо, что и могло стать причиной снижения стимулирующего действия на ткань ЩЖ. С другой стороны, эффект отмены действия стимулятора может быть связан с тем, что концентрация гормонов ОКНЖ в присутствие ДБ-цАМФа увеличивается и превышает физиологические значения, что, в свою очередь, оказывает угнетающее действие на тиреогормонопоэз. При инкубации ОКЩЖ с ОКНЖ и ТТГ (10 мкМЕ/мл) зафиксирован аналогичный эффект отмены стимулирующего действия (уровень Т4 в среде инкубации не отличался от контрольных значений).

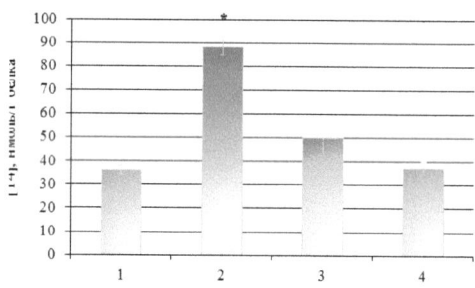

Рис. 3.2. Изменение уровня секреции Т4 органотипической культурой щитовидной железы (1) и после: 24-х часовой инкубации с ОКНЖ (2), 12-ти часовой инкубации с ОКНЖ в присутствии ДБ-цАМФа (3), 12-ти часовой инкубации с ОКНЖ в присутствии ТТГ (4). Достоверность различий уровня Т4 ($p < 0.05$) по сравнению с базальной секрецией (*).

Полученные результаты позволяют заключить, что комбинированное культивирование ткани ЩЖ и НЖ в присутствии стимуляторов не приводит к дос-

66

товерному повышению уровня тироксина в культуральной среде в отличие от выраженного стимулирующего влияния каждого вещества в отдельности.

Известно, что надпочечники помимо глюкокортикоидов продуцируют 19 гормонов и более 30-ти прогормонов (Потемкин В. В., 1999). В связи с этим была предпринята попытка выделить действие глюкокортикоидов из общего эффекта влияния ОКНЖ. Для этого ОКЩЖ инкубировали в присутствии ряда концентраций кортикостерона в диапазоне от 0,25 до 1,0 мкг/мл. На рисунке 3.3 представлено влияние кортикостерона в диапазоне концентраций от суб- до супрафизиологических на секрецию тироксина ОКЩЖ в среду культивирования.

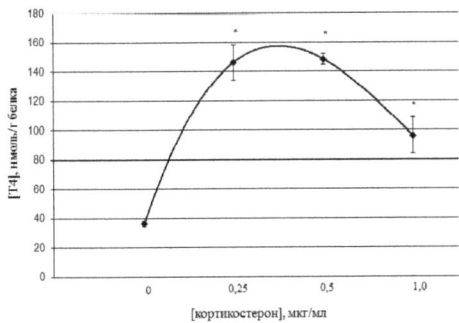

Рис. 3.3. Влияние кортикостерона на секрецию Т4 органотипической культурой щитовидной железы. Достоверность различий уровня Т4 (p<0,05) по сравнению с базальной секрецией (*). По горизонтали – диапазон концентраций кортикостерона (мкг/мл).

Кортикостерон во всех концентрациях достоверно повышал уровень секреции тироксина ОКЩЖ по отношению к контролю *(рис. 3.3)*. При этом, концентрации 0,25 и 0,5 мкг/мл оказывали более выраженный эффект стимуляции

3.2.2. Гистологическая характеристика органотипической культуры

Проведен гистологический анализ ОКЩЖ на последние сутки культивирования, а для определения влияния комбинированного культивирования на морфоструктуру ОКЩЖ были исследованы образцы ткани щитовидной железы после совместной 24-часовой инкубации с ОКНЖ и эксплантатами гипофиза.

Микроскопически паренхима неонатальной щитовидной железы свиней представлена высокодифференцированной тканью, состоящей, главным образом, из четко сформировавшихся фолликулярных структур с преобладанием фолликулов среднего и мелкого диаметра, округлой формы, полость которых выстлана однослойным кубическим эпителием *(рис. 3.4, а)*. Фолликулы среднего диаметра переполнены коллоидом плотной консистенции, тиреоидный эпителий несколько упрощен, видны резорбционные вакуоли, что характеризует процессы разжижения коллоида. Строма железы умеренно выражена.

На 4-е сутки культивирования ОКЩЖ сохраняет подобие фолликулярного строения с дегенеративными изменениями *(рис.3.4, б)*. Наблюдается отек ткани, связанный с некротическими процессами, приводящими к нарушению целостности базальных мембран фолликулярного эпителия и выходу коллоида и фолликулярных элементов в межфолликулярное пространство. Фолликулы значительно уменьшены в размерах, округлой или эллипсоидной формы, полностью или частично заполнены коллоидоподобным веществом, в некоторых из них сохраняется кубическая эпителиальная выстилка. Подобные явления могут свидетельствовать о снижении эндокринной функции ткани.

Характерны выраженные процессы десквамации тиреоидного эпителия. Межфолликулярные пространства расширены и заполнены остатками деградированных фолликулов. В центральной зоне фрагмента заметны участки фиброза.

После комбинированного культивирования ткани ЩЖ с НЖ культура щитовидной железы новорожденных поросят сохраняет свою характерную гистоархитектонику *(рис. 3.4, в)*.

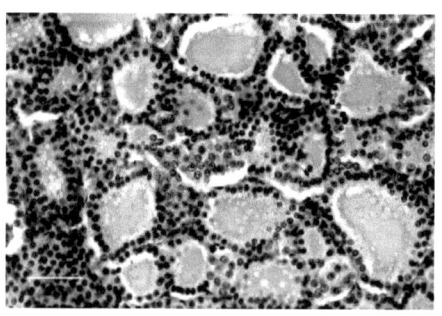
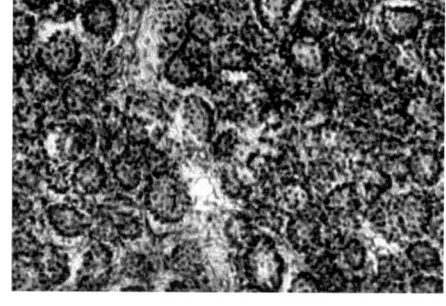

а   *б*

68

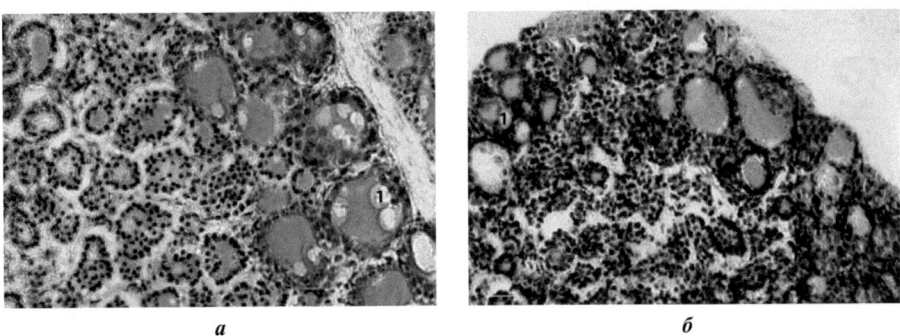

а   *б*

Рис. 3.4. Ткань неонатальной щитовидной железы свиней: *а* - фрагмент нативной щитовидной железы представлен нормофолликулами, окруженными фолликулярным эпителием преимущественно кубической формы; *б* - фрагмент органотипической культуры щитовидной железы на 4-е сутки культивирования. Уменьшение размеров фолликулов. Десквамация тироцитов в полость фолликула (1); *в* - фрагмент органотипической культуры щитовидной железы после комбинированного культивирования с фрагментами надпочечных желез. Преобладают фолликулы среднего и мелкого диаметра. Множественные вакуоли резорбции (1); *г* - фрагмент органотипической культуры щитовидной железы после комбинированного культивирования с эксплантатами гипофиза. Сохранение фолликулярного каркаса по периферии фрагмента с признаками очаговой пролиферации тиреоидной паренхимы (1) и солидными скоплениями тироцитов (2). Окраска гематоксилином и эозином. Масштабные отрезки: 20 (а) и 50 (б-г) мкм.

В сравнении с монокультурой ЩЖ здесь отчетливо проявляется градация измененной и нормальной фолликулярной структуры в зависимости от ее локализации *(рис. 3.4, в)*. По периферии фрагмента заметны скопления фолликулов округлой формы, выстланных высоким кубическим эпителием и заполненных гомогенным коллоидом с обилием резорбционных вакуолей – результатом реабсорбции секрета, что свидетельствует об активации синтетических и секреторных процессов в ткани. Максимальная сохранность таких функционально-активных участков непосредственно связана с их краевой локализацией, где обеспечивались благоприятные условия существования ткани – газообмен, наличие питательных и ростовых факторов в среде культивирования.

Наличие впячиваний тиреоидной выстилки в полость некоторых фолликулов позволяет предположить об активации процесса интрафолликулярной регенерации эпителия в данном участке фрагмента. Такие процессы, возможно, приводят к увеличению площади секреторной поверхности фолликулов, результатом чего оказывается рост складок этой выстилки, вдающихся в полость фолликула, поэтому, интрафолликулярную пролиферацию следует рассматривать как адаптацию фолликулов к усилению их гормонопоэтической деятельности (Алешин Б. В. и др., 1987).

Таким образом, краевая локализация морфологически целостных участков ткани с признаками регенерации свидетельствует о положительном местном влиянии гормонов надпочечниковых желез на сохранение гистоархитектоники ЩЖ в культуре.

Ближе к центру фрагмента, за счет уменьшения размеров фолликулов увеличиваются межфолликулярные пространства. В отдельных местах наблюдается десквамация тиреоидного эпителия в полость фолликула. Фолликулы этой зоны мелкого диаметра, округлой или эллипсоидной формы. Тиреоидный эпителий уплощен или кубический. Коллоид оксифилен, местами отсутствует или представлен небольшим количеством, заметны вакуоли резорбции.

В межфолликулярных пространствах определяются скопления тироцитов *(рис. 3.4, в)*, которые могут являться как следствием дегенеративных процессов в железе, так и представлять собой солидные скопления экстрафолликулярных элементов, не имеющих отношения к образованию фолликулов.

В целом, характеризуя ткань ЩЖ после комбинированного культивирования с тканью НЖ можно отметить, что культура в большей степени сохранила свои морфологические характеристики и эндокринную функцию, заключающуюся в увеличении уровня секреции тироксина в среду инкубации по сравнению с монокультурой ЩЖ.

Ткань ЩЖ после комбинированного культивирования с эксплантатами гипофиза как и при культивировании с НЖ характеризуется выраженной зональностью изменений фолликулярной структуры *(рис. 3.4, г)*. Ближе к краю фрагмента виден очаг пролиферации тироидной паренхимы, который представляет собой скопление микрофолликулов округлой формы с плотным базофильным коллоидом, в некоторых фолликулах – резорбцированным. В поле зрения фрагмента заметны нормофолликулы эллипсоидной формы с коллоидом плотной консистенции, розовой окраски и вакуолями резорбции, тиреоидный эпителий, окружающий эти фолликулы, слегка уплощен.

3.3. КРИОКОНСЕРВИРОВАНИЕ

Криоконсервирование широко применяется в качестве метода сохранения биологического материала. Для замораживания ткани ЩЖ, не зависимо от видовой принадлежности в качестве криопротектора чаще всего используют ДМСО. Преимущества ДМСО заключаются в его свойствах снижать температуру начала кристаллизации, уменьшать дегидратацию, связывать свободные радикалы, образующиеся в процессе замораживания.

Первые попытки криоконсервирования ткани щитовидной железы (ЩЖ) были предприняты в 50-х годах прошлого столетия, а размороженные ЩЖ использовали для трансплантации в эксперименте на животных. При криоконсервировании ткани ЩЖ используют криопротекторы глицерин, поливинилпирролидон (Гладкова А. И. и др., 1989.), ДМСО (Karpenko L.G. et al., 2001).

Концентрации ДМСО, обеспечивающие максимальное сохранение структуры и функции ткани, составляет 5-10%. При более высоких концентрациях (15-20%) увеличивается его токсическое действие, проявляющееся в негативном влиянии на активность клеточных транспортных систем, в частности системы захвата йодида (Гладкова А. И. и др., 1989; Туракулов Я. Х. и др., 1985). Экспериментально установлено, что оптимальными условиями для сохранения жизнеспособности клеток во фрагментах объемом 1-3 мм^3 ЩЖ человека являлось использование 7-10% ДМСО и медленного замораживания с предварительным насыщением при С (Kitamura Y. et al., 1994). Результаты исследований (Луговой С. В. и др., 2003; Волкова Н. А. и др., 2003). Показали, что криоконсервировании фрагментов неонатальной ткани ЩЖ свиней было показано, что максимальная жизнеспособность клеток, а также сохранение базальной и стимулированной секреции Т3 и Т4 ОКЩЖ наблюдаются при использовании концентрации ДМСО 7% и скорости охлаждения 10 град/мин. Криоконсервированная со скоростью охлаждения 10 град/мин ткань ЩЖ после отогрева и удаления криопротектора сохраняет способность к секреции тироксина и аккумуляции йода в течение достаточного времени культивирования. Через 2 суток после отогрева наблюдаются активация захвата йода тканью ЩЖ и соответственно увеличение уровня секреции тироксина.

71

Ткань ЩЖ после отогрева сохраняла свою фолликулярную структуру, ультраструктурные изменения в тироцитах не носили деструктивного характера, отмечалась достаточно высокая сохранность гистоструктуры тиреоидной паренхимы.

Данные по криоконсервированию неонатальной ткани щитовидной железы свиней представлены в работе (Гольцев А. Н., 2012).

Протокол 3.7. Криоконсервирование органотипической культуры щитовидной железы.

Все манипуляции проводятся с соблюдением правил асептики и антисептики в стерильных помещениях (боксах) с использованием стерильных растворов и расходных материалов.

Материалы: органотипическая культура щитовидной железы, криозащитная среда с двойной концентрацией криопротектора (ДМСО), питательная среда 199, стерильный дозатор, центрифужные пробирки объемом 14 мл, пробирки, объемом 50 мл для растворов, криопробирки, камера Горяева, светооптический микроскоп, программный замораживатель («Cryoson 115», Германия).

1. На последние сутки культивирования из флакона с ОКЩЖ удалить питательную среду.

2. Перенести культуру в криопробирки, удалить остатки питательной среды, добавить раствор с необходимой концентрацией криопротектора (1 мл раствора на фрагменты 1 органа). Используемая концентрация ДМСО – 7%.

3. Инкубировать с криопротектором 30 минут при 22 °С.

4. Замораживать трехэтапным погружением в жидкий азот с интервалом в 30 секунд (для достижения скорости охлаждения 100 С/мин). Для достижения медленной скорости охлаждения (1-3 С/мин) использовать программный замораживатель. Охлаждать до – 70 °С с последующим погружением в жидкий азот.

5. Деконсервацию образцов проводить на водяной бане при 40-42 °С.

6. Образцы перенести в центрифужные пробирки, отмыть от криопротектора в питательной среде 199 в объеме 12-14 мл путем двукратного центрифугирования при скорости 1500 об/мин – 3 минуты.

7. При необходимости рекультивирования, ОКЩЖ поместить во флаконы и культивировать по протоколу 3.2.

3.4. ЗАКЛЮЧЕНИЕ

Органотипические культуры неонатальных щитовидных желез свиней, полученные описанным в данной главе способом, сохраняли свои морфофункциональные особенности, что подтверждалось высокой гормональной активностью, способностью отвечать на специфическую и неспецифическую стимуляцию как повышением уровня тироксина в среде культивирования, так и сохранением архитектоники тиреоидной паренхимы.

Диапазон концентраций ДМСО, используемых для криоконсервирования фрагментов ткани и органотипических культур щитовидной железы находится в пределах 7-10%. Скорость охлаждения, обеспечивающая сохранность ткани – в пределах 1-3 и 85-100 градусов/мин и выбирается в зависимости от цели применения криоконсервированного материала.

СПИСОК ЛИТЕРАТУРЫ

Актуальные проблемы криобиологии и криомедицины / Под ред. академика НАНУ А. Н.Гольцева // Бондаренко Т. П., Божок Г. А., Легач Е. И., Кирошка В. В., Устиченко В. Д., Билявская С. Б., Пахомов А. В., Самченко И. И. Дудецкая Г. В.Культивирование, криоконсервирование и трансплантация ткани эндокринных желез. – Харьков, 2012. – С. 361-401.

Алешин Б. В., Бриндак О. И., Мамина В. В. 1987. О соотношении функциональной активности и пролиферации паренхимы в щитовидной железе. Формы пролиферации тиреоидной паренхимы. Пробл. эндокринологии. 33 (6): 67-72.

Бондаренко Т. П., Билявская С. Б., Алабедалькарим Н. М., Божок Г. А. 2005. Регуляция тиреоидной секреции специфическими и неспецифическими стимуляторами гормонопоэза in vitro. Трансплантологія. 8, (4): 67-70.

Билявская С. Б., Божок Г. А., Легач Е. И., Бондаренко Т. П. 2008. Выделение и культивирование клеток щитовидной железы новорожденных поросят с целью их дальнейшей трансплантации. Трансплантологія. 10 (1): 143-145.

Билявская С. Б., Устиченко В. Д., Божок Г. А., Легач Е. И. 2010. Криоконсервирование первичной культуры тироцитов новорожденных поросят. Проблемы криобиологии. 18 (1): 124-126.

Билявская С. Б., Божок Г. А., Легач Е. И., Бондаренко Т. П. 2011. Гормональная активность и морфологические особенности первичной культуры клеток щитовидной железы новорожденных поросят. Медицина сьогодні і завтра, 2011. 50-51 (1-2): 10-12.

Билявская С. Б., Божок Г. А., Легач Е. И., Боровой И. А., Гелла И. М., Малюкин Ю. В., Бондаренко Т. П. 2013. Характеристика первичной культуры клеток из неонатальной щитовидной железы свиней: фолликулогенез, гормональная и ростовая активность. Цитология. 55 (7) : 482-491.

Бондаренко Т. П., Волкова Н. А., Самченко И. И. и др. Колориметрическое определение жизнеспособности органной культуры клеток семенников, надпочечников и щитовидной железы // Лаб. диагностика. – 2001. – № 4. – С. 44-47.

Блюмкин В. Н., Бабикова Р. А., Скалецкий Н. Н. и др. Флотирующие культуры, полученные из щитовидной железы плодов человека и животных // Трансплантация и искусственные органы. – М.: Медицина, 1986. – С. 92-94.

Волкова Н. А., Алабедалькарим Н. М., Божок Г. А., Бондаренко Т. П. Влияние криоконсервирования на функциональные характеристики органных культур щитовидной железы кроликов и новорожденных поросят // Проблемы криобиологии. – 2003. – № 2. – С.109-114.

Гаврилюк Б. К. 1983. Органотипическое культивирование тканей. М. Наука: 128.

Гладкова А. И., Бондаренко Л. А., Даценко Б. М. 1989. Аллотрансплантация свежезаготовленных и криоконсервированных семенников половозрелых и неполовозрелых животных. Тезисы докладов Международной конференции «Криоконсервирование клеток и тканей». Харьков: 127-135.

Горанов В. А., Третяк С. И., Хрыщанович В. Я., Горанова Ю. А. 2004. Получение культуры тироцитов из фетальной щитовидной железы кроликов in vitro для ксенотрансплантации. Белорусский мед. журнал. 10 (4): 23-29.

Грищенко В. И., Чуйко В. А., Пушкарь Н. С. 1993. Криоконсервация тканей и клеток эндокринных органов. Киев: 242.

Дарбе А. 1989. Практическая химия белка. Пер. с англ. М. Мир: 623 с.

Дроздович И. И., Турчин И. С., Балла И. А. 1998. Гистологическое изучение ксенотрансплантата органной культуры щитовидной железы новорожденных поросят при экспериментальном гипотиреозе. Цитология и генетика. 32 (1): 14-22.

Коржевский Д. Э., Петрова Е. С., Кирик О. В., Безнин Г. В., Сухорукова Е. 2010. Нейральные маркеры, используемые при изучении дифференцировки стволовых клеток. Клеточная трансплантология и тканевая инженерия. 5 (3): 57-63.

Легач Е. И., Билявская С. Б., Божок Г. А., Бондаренко Т. П. 2007. Гормонопродуцирующий потенциал криоконсервированной органотипической культуры щитовидной железы при комбинированной ксенотрансплантации. Проблемы криобиологии. 17 (1): 86-92.

Легач Є. І., Божок Г. А., Білявська С. Б., Бондаренко Т. П. 2007. Ефект стимуляції тиротропіном на рівень тироксину в плазмі крові гіпотиреоїдних щурів після трансплантації щитовидної залози. Науковий вісник Львівської національної академії ветеринарної медицини. 9 (2) (ч.2): 63-67.

Луговой С. В., Бондаренко Т. П., Губина Н. Ф., Олефиренко А. И., Олефиренко А. А. 2003. Органная культура щитовидной железы новорожденных поросят как объект криоконсервирования. Пробл. криобиол. 2: 98-103.

Мирский М. Б. 1984. Трансплантация и искусственные органы. М: 45-48.

Пастер I. П. 1998. Функціональна активність органної культури щитовидної залози новонароджених поросят. Ендокринологія. 3 (2): 47-52.

Пат. № 46440 Україна, МПК7 С12N 5/00. Спосіб підвищення гормо-нальної активності органотипових культур щитовидних залоз новонароджених поросят з метою їх подальшої трансплантації / Білявська С. Б., Божок Г. А., Легач Є. І., Бондаренко Т. П. заявл. 9.06.2009; опубл. 25.12.2009, Бюл. №24.

Патент № 9367 Україна, МПК7 А01N 1/02. Спосіб кріоконсервування органної культури щитовидної залози новонароджених поросят / Бондаренко Т. П., Божок Г. А., Алабедалькарім Н. М., Легач Є. І.; заявл. 28.03.2005; опубл. 15.09.2005, Бюл. №9.

Потемкин В. В. Эндокринология. 1999. М. Медицина: 640.

Прядко К. А., Шкуматов Л. М., Горох Г. А., Багель И. М. 2000. Определение концентрации тироксина в крови крыс с помощью радиоиммунологических наборов, предназначенных для определения уровня гормона в крови человека. Проблемы эндокринологии. 46 (3): 28-31.

Пушкарь Н. С., Чуйко В. А., Утевский М. Г., Цариковская Н. Г. 1981. Криоконсервирование и трансплантация эндокринных органов и тканей Сб. науч. трудов института проблем криобиологии и криомедицины АН УССР. Харьков: 36.

Третьяк С. И., Хрыщанович В. Я., Горанов В. А., Зоманович А. В. 2005. Функциональная оценка жизнедеятельности макроинкапсулированного тиреоидного ксенотрансплантата после пересадки в сосудистое русло. Белорусский медицинский журнал. 12 (2): 26-31.

Скалецкий Н. Н., Загребина О. В. 1990. Флотирующие культуры, получаемые из щитовидной железы плодов человека и трансплантация их больным гипотиреозом. Трансплантация органов (Львов): 124-125.

Тронько Н. Д., Богданова Т. И. Рак щитовидной железы у детей Украины (последствия чернобыльской катастрофы). – К: Чернобыльинтеринформ, 1997. – 200 с.

Тронько М. Д., Горбань Є. М., Пастер I. П. та ін. 2000. Вплив ксенотрансплантації органної культури щитоподібної залози на стан гіпоталамо-гіпофізарної системи при експериментальному гіпотиреозі. Трансплантоло-гія. 1 (1): 236-239.

Туракулов Я. Х., Гуссаковский Е. Е., Исмаилов С. И., Налбандян А. А. 1985. Влияние криоконсервации тиреоидной паренхимы на йодаминокислотный состав тиреоглобулина и его йодирование. Проблемы эндокринологии. 31 (1): 29-31.

Чалисова Н. И., Хавинсон В. Х., Давыденко В. В., Доровский А. А., Вербовая Т. А., Пеннияйнен В. А. 2000. Влияние цитомединов на развитие органотипической культуры различных тканей внутренних органов крысы. Цитология. 42 (12): 1144-1147.

Устиченко В. Д., Алабедалькарим Н. М, Дудецкая Г. В., Бондаренко Т. П. 2007. Криоконсервирование органотипических культур надпочечных желез: дополнительные повреждения или репарация. Вестник проблем биологии и медицины. 1: 67-72.

Хоруженко А. И. 2002. Новые методические подходы к культивированию тиреоцитов in vitro с сохранением их фолликулярной структуры. Экспериментальная онкология. 2: 99-104.

Широкова А.В. 2007. Апоптоз. Сигнальные пути и изменение ионного и водного баланса клетки. Цитология. 49 (5): 385-394.

Шостик И. Н., Тронько Н. Д., Зурнаджи Ю. Н., Пастер И. П. 1992. Изучение морфофункциональных свойств культивируемых тироцитов новорожденных поросят с целью определения возможности их применения для компенсации гипофункций щитовидной железы // Пробл. эндокринол. 38 (5): 33-37.

Atala A., Lanza, R. P. 2002. Methods of tissue Engineering. San Diego, Academic Press.

Baker T. G., Young B. A. 1973. Organ culture of the rat thyroid gland. Experientia. 29 (12): 1548-1550

Bals R., Gamarra F., Kaps A., Grundler S., Huber R.M., Welsch U. 1998. Secretory cell types and cell proliferation of human bronchial epithelial cells in an organ-culture system. Cell and Tissue Res. 293 (3): 573-577.

Bauer MF, Herzog V. 1988. Mini organ culture of thyroid tissue: a new technique for maintaining the structural and functional integrity of thyroid tissue in vitro. Lab Invest. 59(2):281-291.

Bernier-Valentin F., Trouttet-Masson S., Rabilloud R., Selmi-Ruby S., Rousset B. 2006. Three-dimensional organization of thyroid cells into follicle structures is a pivotal factor in the control of sodium/iodide symporter expression. Endocrinology. 147 (4) : 2035-2042.

Bilyavskaya S.B., Bozhok G.A., Legach E.I., Bondarenko T.P. 2005. Thyroxin serum level after combined transplantation of organ cultures of thyroid and adrenal glands. Укр. біохім. журнал. 77 (2): 158.

Bilyavskaya S.B., Bozhok G.A., Legach E.I., Borovoy I.A., Gella I.M., Malyukin Yu.V., Bondarenko T.P. 2013. Primary Cell Culture from Pig Neonatal Thyroid Gland: Growth, Folliculogenesis, and Hormone Activity. Cell and Tissue Biology, Vol. 7 (6): 512–521.

Bilyavskaya S.B., Legach E.I., Bozhok G.A., Bondarenko T.P. 2007. Result of experimental hypothyroidism correction by combined transplantation of organ cultures. European J. of Medical Research.12 (4):45.

Bussolati, G., Navone, R., Gasparri, G., and Monga, G. 1969. In vitro study of C (parafollicular) cells of dog thyroid in organ culture.Experimentia 25: 641-642.

Byers S. W., Citi S., Anderson J. M., Hoxter B. 1992. Polarized functions and permeability properties of rat epididymal epithelial cells in vitro. J. Reprod. Fertil. 95 (2) : 385-396.

Cameron D.E., Othberg A.J., Borlogan C.V. et al. 1997. Post-thaw viability and functionality of cryopreserved rat fetal cells cocultured with Sertoli cells. Cell Transpl. 6 (2): 185-189.

Cau, P., Michel-Bechet, M., and Fayet, G. 1976. Morphogenesis of the thyroid follicles in vitro. Adv. Anat. Embry. Cell Biol. 52: 5-65.

Coclet J., Foureau F., Ketelbant P., Galand P., Dumont J. E. 1989. Cell population kinetics in dog and human adult thyroid. Clin. Endocrinol. (Oxford). 31 : 655-665.

Davies T. F., Latif R., Minsky N. C., Ma R. 2011. Clinical review: the emerging cell biology of thyroid stem cells. J. Clin. Endocrinol. Metab. 96 : 2692-2702.

Draberova E., Del Valle L., Gordon J., Markova V., Smejkalova B., Bertrand L., de Chadaravian J. P., Agamanolis D. P., Legido A., Khalili K., Draber P., Katsetos C. D. 2008. Class III beta-tubulin is constitutively coexpressed with glial fibrillary acidic protein and nestin in midgestational human fetal astrocytes: implications for phenotypic identity. J. Neuropathol. Exp. Neurol. 67 : 341-354.

78

Dulbecco, R. 1952. Production of plaques in monolayers of tissue cultures by single particles of an animal virus. Proc. Natl. Acad. Sci. USA 38:747.

Dumont J.E., Lamy F., Roger P., Maenhaut C. 1992. Physiological and pathological regulation of thyroid cell proliferation and differentiation by thyrotropin and other factors. Physiol. Rev. 72: 667–697.

Fayet G., Hovsepian S., Dickson J. G., Lissitzky S. 1982. Reorganization of porcine thyroid cells into functional follicles in a chemically defined, serum- and thyrotropin-free medium. J. Cell. Biol. 93 : 479-488.

Fierabracci A. 2012. Identifying thyroid stem/progenitor cells: advances and limitations J. Endocrinol. 213 : 1-13.

Fierabracci A., Puglisi M.A., Giuliani L., Mattarocci S., Gallinella-Muzi M. 2008. Identification of an adult stem/progenitor cell-like population in the human thyroid. J. Endocrinol. 198(3): 471-487.

Fischer, A. 1925. Tissue culture. Studies in experimental morphology and general physiology of tissue cells in vitro. London,

Freshney, R.I. 2010. Culture of Animal Cells: A Manual of Basic Technique and Specialized Applications, 6th ed.:796.

Gey, G. O., Coffman, W. D. & Kubicek, M. T. 1952. Tissue culture stuies of the proliferative capacity of cervical carcinoma and normal epithelium. Cancer Res. 12: 364-365.

Hamada N, Okabe T, Kubota K, Chiu SC, Uchimura H, Mimura T, Ito K, Nagataki S. 1983. Chronic Effect of TSH on Human Thyroid Tissue in Organ Culture. Exp Biol Med. 172(2): 153-157.

Harrison, R. G. 1907. Observations on the living developing nerve fiber. Proc. Soc. Exp. Biol. Med. 4:140-143.

Hawley T. S., Hawley R. G. 2004. Methods in molecular biology: flow cytometry protocols, 2nd ed. New York: Humana Press Inc. 425 p.

Heineman. Muzi M. 2008. Identification of an adult stem/progenitor cell-like population in the human thyroid. J. Endocrinol. 198 (3) : 471-487.

Hirschhaeuser F., Menne H., Dittfeld C., West J., Mueller-Klieser W., Kunz-Schughart L. A. 2010. Multicellular tumor spheroids: an underestimated tool is catching up again. J. Biotechnol. 148 : 3-15.

Hoshi N., Kusakabe T., Taylor B. J., Kimura S. 2007. Side population cells in the mouse thyroid exhibit stem/progenitor cell-like characteristics. Endocrinology. 148 : 4251-4258.

Huber G. K., Davies T. F. 1990. Human fetal thyroid cell growth in vitro: system characterization and cytokine inhibition. Endocrinology. 126 : 869-875.

Jouhilahti E. M., Peltonen S., Peltonen J. 2008. Class III beta-tubulin is a component of the mitotic spindle in multiple cell types. J. Histochem. Cytochem. 56 : 1113-1119.

Katsetos C. D., Del Valle L., Geddes J. F., Aldape K., Boyd J. C., Legido A., Khalili K., Perentes E., Mȳrk S. J. 2002. Localization of neuronal class III beta-tubulin in oligodendrogliomas. Comparison with Ki-67 proliferative index and 1p/19q status J. Neuropathol. Exp. Neurol. 61 : 307-320.

Karpenko L.G., Gubina N.F., Schirova V.A. et al. 2001. The effects of freezing and cryoprotectant exposure on adenylate cyclase activity in cell membranes of bovine thyroid gland and adrenal cortex. CryoLetters. 22 (4): 229–234.

Kerkof P. R., Long P. J., Chaikoff I. L. 1964. In vitro effects of thyrotropic hormone on the pattern of organization of monolayer cultures of isolated sheep thyroid gland. Cell. Endocrinol. 74 :170-179.

Kitamura Y., Shimizu K., Nagahama M. et al. 1994. Cryopreservation of thyroid pieces-optimal freezing condition and recovery. Nippon Geka Gakkai Zasshi. 95 (1): 14-20.

Kogai T., Curcio F., Hyman S., Cornford E. M., Brent G. A., Hershman J. M. 2000. Induction of follicle formation in long-term cultured normal human thyroid cells treated with thyrotropin stimulates iodide uptake but not sodium/iodide symporter messenger RNA and protein expression. J. Endocrinol. 167 : 125-135.

Lafferty K.J., Bootes A., Dart G. et al. 1976. Effect of organ culture on the survival of thyroid allografts in mice. Transplantation. 22 (2): 138-149.

Lakey J.R., Aspinwall C.A., Cavanagh T.J. et al. 1999. Secretion from islets and single islets following cryopreservation. Cell Transpl. 8 (6): 691-698.

Lakey J.R., Rajotte R.V., Fedorov C.A. et al. 2001. Islet cryopreservation using intracellular preservation solutions. Cell Transpl. 10 (7): 583-589.

Lan L., Cui D., Nowka K., Derwahl M. 2007. Stem cells derived from goiters in adults form spheres in response to intense growth stimulation and require thyrotropin for differentiation into thyrocytes. J. Clin. Endocrinol. Metab. 92 : 3681-3688.

Lechner J., Hekl D., Gatt H., Voelp M., Seppi T. 2011. Monitoring of the dynamics of epithelial dome formation using a novel culture chamber for long-term continuous live-cell imaging. Methods Mol. Biol. 763 : 169-178.

Lee S., Choi K., Ahn H., Song K., Choe J., Lee I., Tu J. 2005. Class III beta-tubulin expression suggests dynamic redistribution of follicular dendritic cells in lymphoid tissue. Eur. J. Cell Biol. 84 : 453-459.

Luzyanina T., Roose D., Schenkel T., Sester M., Ehl S., Meyerhans A., Bocharov G. 2007.

Numerical modelling of label-structured cell population growth using CFSE distribution data. Theor. Biol. Med. Model. 24 : 26.

Maile S., Merker H.-J. 1995. The thyroid gland of Callithrix jacchus in organ culture. Histol Histopathol. 10: 889-905.

McGann L.E., Walterson M.L. 1987. Cryoprotection by dimethyl sulfoxide and dimethyl sulfone. Cryobiology. 24 (1): 11-16.

Mikhailov V. M., Sokolova A. V., Serikov V. B., Kaminskaya E. M., Churilov L. P., Trunin E. M., Sizova E. N., Kayukov A. V., Bud'ko M. B., Zaichik A. Sh. 2012. Bone marrow stem cells repopulate thyroid in X-ray regeneration in mice. Pathophysiology. 19 : 5-11.

Nicol A. G., BeckBr J. S. J. 1968. Organ culture of pathological human thyroid gland tissue. Exp Pathol. 49(5): 421-430.

Nobuo H., Takashi K., Taylor B. J., Kimura S. 2007. Side population cells in the mouse thyroid exhibit stem/progenitor cell-like characteristics. Endocrinology. 148 : 4251-4258.

Park K. M., Fogelgren B., Zuo X., Kim J., Chung D. C., Lipschutz J. H. 2010. Exocyst Sec10 protects epithelial barrier integrity and enhances recovery following oxidative stress, by activation of the MAPK pathway. J. Physiol. Renal. Physiol. 298 : F818-F826.

Parker R. C. 1961. Methods of tissue culture, 3rd ed., London, Pitman Medical, p. 47.

Postiglione M. P., Parlato R., Rodriguez-Mallon A., Rosica A., Mithbaokar P., Maresca M., Marians R. C. 2002. Role of the thyroid-stimulating hormone receptor signaling in development and differentiation of the thyroid gland. PNAS. 99 : 15 462-15 467.

Potashov L.V. 1999. Transplantation perspectives of cell cultures for correction of some endocrine diseases. Novye Sankt-Peterburg. Vracheb. Vedomosti. 1: 22-24.

*Raaf J. H., Van Pilsum J. F., Good R. A.*1976. Fresh and cultured thyroid gland: survival and function after implantation. Ann Surg. 183(2): 146-156.

Ramelli F., Studer H., Bruggisser D. 1982. Pathogenesis of thyroid nodules in multinodular goiter. Amer. J. Pathol. 109 : 215-223.

Remy L., Verrier B., Michel-Bechet M., Mazzella E., Athouel-Haon A. M. 1983. Thyroid follicular morphogenesis mechanism: organ culture of the fetal gland as an experimental approach. J. Ultrastruct. Res. 82 (3) : 283-295.

Roger P. P, Christophe D., Dumont J. E., Pirson I. 1997. The dog thyroid primary culture system: a model of the regulation of function, growth and differentiation expression by cAMP and other well-defined signaling cascades. Eur. J. Endocrinol. 137 : 579-598.

Roger P. P., Dumont J. E. 1983. Thyrotrophin and the differential expression of proliferation and differentiation in dog thyroid cells in primary culture. J. Endocrinol. 96 :241-249.

Rohani L., Karbalaie K., Vahdati A., Hatami M., Nasr-Esfahani M. H., Baharvand H. 2008. Embryonic stem cell sphere: a controlled method for production of mouse embryonic stem cell aggregates for differentiation. Int. J. Artif. Organs. 31 : 258-265.

Rous, P. & Jones, F. A. A. 1916. A method of obtaining suspensions of living cells from the fixed tissues, and for the plating out of individual cells. J. Exp. Med. 23: 555.

Sandler S., Andersson A. 1984. The significance of culture for successful cryopreservation of isolated pancreatic islets of langerhans. Cryobiology. 21 (5): 503-510.

Sanford, K. K., Earle, W. R. & Likely, G. D. 1948. The growth in vitro of single isolated tissue cells./ Natl. Cancer Inst. 11:773.

Sugahara K., Caldwell J. H., Mason R. J. 1984. Electrical currents flow out of domes formed by cultured epithelial cells. J. Cell Biol. 99 : 1541-1544.

Suzuki K., Mitsutake N., Saenko V., Suzuki M., Matsuse M., Ohtsuru A., Kumagai A., Uga T., Yano H., Nagayama Y., Yamashita S. 2011. Dedifferentiation of human primary thyrocytes into multilineage progenitor cells without gene introduction. www.plosone.org. 6 : 193-154.

Takasu N., Charrier B., Mauchamp J., Lissitzky S. 1979. Effect of gelatin on the cyclic AMP response of primocultured hog thyroid cells to acute thyrotropin stimulation. Biochim. biophys. acta. 587 : 507-514.

Taylor M.J., Bank H.L. 1988. Function of lymphocytes and macrophages after cryopreservation by procedures for pancreatic islets: potential for reducing tissue immunogenicity. Cryobiology. 25 (1): 1-17.

Taylor M.J., Bank H.L., Benton M.J. 1987. Selective killing of leucocytes by freezing: potential for reducing the immunogenicity of pancreatic islets. Diabetes Res. 5 (2): 99-103.

Thomas T., Nowka K., Lan L., Derwahl M. 2006. Expression of endoderm stem cell markers: evidence for the presence of adult stem cells in human thyroid glands. Thyroid. 16 : 537-544.

Toda S., Aoki S., Uchihashi K., Matsunobu A., Yamamoto M., Ootani A., Yamasaki F., Koike E., Sugihara H. 2011. Culture Models for Studying Thyroid Biology and Disorders. Endocrinology. Epub. Jul. 12.

Toda S., Aoki S., Suzuki K., Koike E., Ootani A., Watanabe K., Koike N., Sugihara H. 2003. Thyrocytes, but not C cells, actively undergo growth and folliculogenesis at the periphery of thyroid tissue fragments in three-dimensional collagen gel culture. Cell Tissue Res. 312 : 281-289.

Toda S., Koike N., Sugihara H. 2001a. Cellular integration of thyrocytes and thyroid folliculogenesis: a perspective for thyroid tissue regeneration and engineering. Endocrinol. J. 48 : 407-425.

Toda S., Koike N., Sugihara H. 2001b. Thyrocyte integration, and thyroid folliculogenesis and tissue regeneration: perspective for thyroid tissue engineering. Pathol. Int. 51 : 403-417.

Toda, S., Watanabe, K., Yokoi, E, Matsumura, S., Suzuki, K., Ootani, A., Aoki, S., Koike, N., and Sugihara, H. (2002). A new organotypic culture of thyroid tissue maintains three-dimensional follicles with C cells for a long term. Biochem. Biophys. Res. Commun. 294: 906-911.

Toda S., Yonemitsu N., Hikichi Y., Sugihara H., Koike N. 1992. Differentiation of human thyroid follicle cells from normal subjects and Basedow's disease in three-dimensional collagen gel culture. Pathol. Res. Pract. 188 : 874-882.

Tonoli H., Flachon V., Audebet C., Calle A., Jarry-Guichard T., Statuto M., Rousset B., Munari-Silem Y. 2000. Formation of threedimensional thyroid follicle-like structures by polarized FRT cells made communication competent by transfection and stable expression of the connexin-32 gene. Endocrinology. 141 : 1403-1413.

Whitehead R. H., Robinson P. S., Williams J. A., Bie W., Tyner A. L., Franklin J. L. 2008. Conditionally immortalized colonic epithelial cell line from a Ptk6 null mouse that polarizes and differentiates in vitro. J. Gastroenterol. Hepatol. 23 : 1119-1124.

Yap A. S., Stevenson B. R., Keast J. R., Manley S. W. 1995. Cadherin-mediated adhesion and apical membrane assembly define distinct steps during thyroid epithelial polarization and lumen formation. Endocrinology. 136 : 4672-4680.

Yates A., Chan C., Strid J., Moon S., Callard R., George A. J., Stark J. 2007. Reconstruction of cell population dynamics using CFSE. BMC Bioinformatics. 12: 196.

Young, B. A., and Baker, T. G. 1982. The ultrastructure of rat thyroid glands under experimental conditions in organ culture. J. Anat. 135: 407-412.

Printed by Books on Demand GmbH, Norderstedt / Germany